山东耕地质量评价与应用丛书

宁阳耕地

赵文杰　主编

山东大学出版社

图书在版编目(CIP)数据

宁阳耕地/赵文杰主编．—济南：山东大学出版社，2012.9
ISBN 978-7-5607-4654-8

Ⅰ．①宁…
Ⅱ．①赵…
Ⅲ．①耕作土壤—土壤肥力—土壤调查—宁阳县
②耕作土壤—土壤评价—宁阳县
Ⅳ．①S159.252.4②S158

中国版本图书馆 CIP 数据核字(2012)第 219462 号

山东大学出版社出版发行
(山东省济南市山大南路 20 号　邮政编码：250100)
山 东 省 新 华 书 店 经 销
山东鸿杰印务集团有限公司印刷
787 毫米×1092 毫米　1/16　8.75 印张　12 插页　213 千字
2012 年 9 月第 1 版　2012 年 9 月第 1 次印刷
定价：42.00 元

《宁阳耕地》编辑委员会

主　　任　陈运成

副 主 任　祝令山　刘海涛

主　　编　赵文杰

副 主 编　齐　卫　程琳琳

编 著 者　乔晓晓　张丽华　祝香云　刘　刚　乔红霞　张德常
　　　　　赵玉芬　赵思建

化验人员　柳　虹　崔洪香　刘　琴　崔香莲

采集调查人员　（以姓氏笔画为序）
　　　　　王先琪　王后超　尹成昌　朱开成　乔晓晓　刘海涛
　　　　　杜立群　李　波　李　勇　杨洪振　吴建军　吴锡彬
　　　　　张　辉　陆庆臣　陆　青　宗　雷　赵文杰　赵思建
　　　　　鹿令军　董现义　韩振山　谢兴洲　路向雨　潘志强

技术顾问　高瑞杰　李　涛　泉维杰　郭跃升　王德科　黄　剑

前言

耕地是人类赖以生存的基本资源，但进入21世纪以来，人口不断地增多，耕地却逐渐地减少。维持和提高耕地的物质生产能力，预防和治理耕地的环境污染，是保证土地得以永续合理使用，稳定农业基础地位，促进国民经济发展的重大措施。宁阳县是农业大县，搞好耕地地力调查与质量评价工作，对于保障全县农业的持续增产增效意义重大。

为了切实加强耕地质量保护，宁阳县农业局依照农业部《测土配方施肥技术规范》及《山东省2008年测土配方施肥补贴项目实施方案》的要求，开展了测土配方施肥、耕地地力调查与质量评价工作。在广泛采集土壤样品、精准化验的基础上，编写了《宁阳耕地》一书，旨在帮助基层农技人员和广大农民了解掌握全县的耕地状况，为指导农业生产提供参考，使其在农业生产中发挥应有的作用。

本书全面系统地对全县耕地进行了科学评价，建立了县域耕地资源管理信息系统，实现了耕地资源、土壤养分信息的高效有序管理及网络共享，为有效、合理利用和提高耕地质量提供了科学依据；编制了耕地地力等级图、土壤图等23幅成果图件，为因地制宜地加强耕地质量建设，指导全县种植业结构调整，科学合理施肥，保证粮食安全和无公害农产品生产提供了理论依据；摸清了耕地的肥力状况及其分布状况，查明了耕地地力等级，为准确掌握耕地生产潜力，合理利用耕地资源，加强耕地质量建设提供了科学依据；经过同第二次土壤普查资料的对比分析，摸清了耕地土壤性状变化和土壤障碍因素现状，提出了土、肥、水资源合理配置和改良利用建议与措施；摸清了耕地土壤养分状况，建立了作物施肥指标体系；针对耕地地力现状撰写了专题报告，为指导当地农业生产，促进农民增产增收，实现农业可持续发展发挥重要作用。

在耕地地力调查与质量评价工作以及本书编撰过程中，受到了山东省土肥总站和泰安市土肥站相关领导的悉心指导，得到了山东农业大学资源环境学院及山东天地亚太国土遥感公司的大力协助，宁阳县农业专家及撰写人员通力合作、辛勤耕耘，付出了艰辛的汗水。在此，对作出贡献的全体人员表示深深的敬意和谢意！

由于作者的知识有限、学识浅薄，加之时间仓促，书中错误在所难免，敬请广大农技人员和农民朋友谅解，并提出指正，以及时改正。

编　者
2012年4月

目　录

第一篇　耕地资源评价与管理

第二篇 耕地改良与利用对策

第三篇 耕地培肥与可持续利用

第四篇 专题报告

第一篇　耕地资源评价与管理

第一章　自然与农业生产概况

第一节　自然条件

一、地理位置与行政区划

宁阳县地处鲁中山区与鲁西南平原交接地带，东经116°36′～117°25′、北纬35°46′～35°55′，隶属山东省泰安市，北依五岳之首的东岳泰山，南临孔子故里曲阜，西与水泊梁山相望，东与新泰市相接，总面积为1125km²，其中耕地面积为70000hm²，占土地总面积的62.22%。

全县辖2个街道办事处、9个镇、2个乡和1个经济开发区，共566个行政村，有24.4608万户，共82.2万人，其中乡村户数为18.49万户，共67.42万人，乡村劳动力为39.84万人。

二、气候

宁阳县属于暖温带大陆性半湿润季节性气候。一年四季分明，其中春季为56天、夏季为98天、秋季为56天、冬季为155天。年无霜期为199天，农耕期为292.6天。年均气温为13.4℃，1月平均气温为－2.1℃，7月平均气温为26.8℃；极端最低气温为－19℃，极端最高气温为40.7℃，常年不低于0℃的积温为5008℃，不低于10℃的积温为4816℃。太阳年辐射总量全年为525.85kJ/cm³，年日照时数为2679.3h，日照率为60%。平均降水量为689.6mm，且年季变化较大、季节分配不均，最少年的降水量比平均值少308.7mm，最多年与最少年相差1132.4mm，相当于平均值的1.64倍。雨季为6～8月，其降水量占全年降水量的64.7%。年平均蒸发量为1428.8mm，年平均湿度为0.6，雨热同季，有利于作物的生长。年平均气压为100.94kPa，最大冻土深度为30cm。春夏季多东南风，秋冬季多东南风和北风。自然灾害主要有旱、涝、大风、干热风、冰雹、暴雨、连阴雨和冻害等8种。

三、地形

境内地势东高西低，东部多为低山、丘陵，西部多为平原。主要地貌类型有低山、丘陵、平原和水面。境内最高峰为东部的凤仙山，海拔为608m；最低处为东疏镇胡茂南洼，海拔为46m。大小山峰有146座，面积共有138km²，占全县总面积的12.3%。丘陵多分布于低山周围，海拔为70～200m，面积共有432km²，占全县总面积的38.4%。平原主要分布于县城西部及沿汶河一带，平均海拔为46～70m，面积共有544km²，占全县总面积的48.4%。全县水面共有11km²，占全县总面积的0.9%，主要分布在山区水库、塘坝和汶河沿岸的坑塘中；较大的河流有15条，总长204.6km，流域面积为1021.3km²，属于黄河、淮河流域的水系。

四、自然资源

（一）水资源

全县年平均水资源总量为$3.2\times10^8m^3$，其中地表水为$1.53\times10^8m^3$（包括引汶客水），地下水为$2.01\times10^8m^3$，可利用水资源为$2.8031\times10^8m^3$，人均水资源总量为$389m^3$，亩均水资源总量为$305m^3$，分别相当于全国平均水平的1/6和1/5。抽样化验表明，宁阳地下水矿化指标在0.4g/L以下，pH为6.7～7.3，绝大多数为中性水。

（二）矿藏资源

境内初步探明的矿藏中的金属和非金属有三十多种，主要有煤、铁、金、石英石、钾长石、水晶石、云田、铝土、硅石、石膏、花岗岩、石灰岩、硫黄、陶土、耐火土、沙子等。其中优质煤储量在5亿吨以上，花岗岩储量在$5\times10^7m^3$以上，钾长石储量在860万吨以上，都具有较高的开发价值。宁阳县盛产蔬菜果品，尤其是盛产的黄瓜制种占全国市场份额的70%。宁阳大枣历史悠久，被国家卫生部定为“保健用枣”。宁阳蟋蟀更是四海闻名，每逢早秋季节，各地斗蟀客户纷至沓来，为宁阳的蟋蟀文化增添了一道靓丽的风景。

五、地质

（一）地形地貌

根据地貌形态特征、成因、地面组成物质，全县地形可分为3个地貌类型，续分为16个地貌单元，主要地貌类型及特点如表1-1所示。

（二）母质

宁阳县成土母质主要有5种，即坡积洪积物、洪积物、洪积冲积物、冲积物、浅湖沼相沉积物。洪积冲积物主要分布在丘陵坡麓地带，土层厚度为1m；洪积物主要分布在山前平原，土层较深厚；冲积物主要分布在沿汶河一带，质地常随距河远近由细到粗呈现规律性的变化；坡积洪积物土层较薄，因搬运较近，所以分选作用较差、颗粒粗、含有石砾；浅湖沼相沉积物主要分布在宁阳县乡饮乡、宁阳镇与泗店镇两乡镇的东部，鹤山乡与东疏镇的交接地带及鹤山乡的山间洼地，土壤剖面颜色较深，质地黏重，适耕性较差。

表 1-1　主要地貌类型及特点

地貌类型	面积(km^2)	占土地总面积(%)	微地貌单元
低山丘陵	337.6	31.9	石质山岭、荒坡岭、坡麓梯田、近山阶地、岭坡梯田、山坡梯田
河谷阶地	31.5	3	河谷梯田、沿河阶地、河漫滩、河滩高地、河谷平原
山前平原	687.8	65.1	缓阶地、缓岗地、倾斜平地、微倾斜平地、塌陷凹地

六、植被

境内原生植被已绝迹，现有的自然植被均为次生草本灌木植物，生长于棕壤、褐土、潮土和砂姜黑土中。人工植被以种植的粮食、油料、蔬菜、棉花、药材等农作物为主。当前，全县境内有用材树、经济树、园林绿化树等林木共 60 科、108 属、186 种。林种主要有防护林、用材林、经济林和特用林 4 个类型。果树资源丰富，主要有枣树、苹果树、板栗树、石榴树等 17 个树种，共 200 多个品种。禹王庙、颜家林等处古树群的树龄在 600 年以上。大型林场有 4 处，苗圃有 3 处，总经营面积为 893.33hm^2。神童山森林公园是省级森林公园，东疏苗木花卉生产基地是江北最大的苗木花卉生产基地。目前，全县林木面积为 23800hm^2，农田林网面积达到 46000 hm^2，绿色通道为 1602km，苗木花卉面积为 2000 hm^2，活立木总蓄积量为 $7.1\times10^5 m^3$，林木覆盖率达到 32.8%。

第二节　农村经济与农业生产情况

一、农村经济情况

宁阳县农村经济全面发展，先后被国家和省、市列为粮食、棉花、花生、蔬菜、农作物良种、桑茧、大枣、鲁西黄牛八大商品生产基地，是全国粮油大县、平原绿化先进县。蔬菜总产为 50 万吨，蔬菜制种有 50 多个品种。宁阳大枣年产量为 5×10^6kg。2010 年，全县实现农业总产值 61.27 亿元、农业增加值 25.46 亿元，农民人均纯收入为 6751 元，比上年增加 981 元，增长 17%。

2010 年，全县粮食总产达到 63.53 万吨，比上年增长 3.84%，再创历史新高，并且实现了夏季、秋季双丰收，进一步巩固了宁阳县粮食生产大县的地位。高值田、有机蔬菜、设施农业面积分别达到 13666.7 hm^2、2600 hm^2 和 5666.7 hm^2。“一村一品”专业村达到 104 个，比上年增加 2 个。宁阳县选送的“伏春一号”黄瓜种和“伏乐”长茄种，搭载“神舟七号”载人飞船一同升空，是唯一由地方自主培育选送的种子。宁阳县已被中科院确定为唯一的太空育种基地。农业产业化水平和组织化程度不断提高，年销售收入超过 500 万元的农产品加工企业达到 75 家，比上年增加 10 家，市级农业产业化重点龙头企业达到

31家,省级有4家。农民合作组织发展到508个,带动农户9.2万户。蒋集镇郑龙村"股份+合作"的土地流转模式被誉为全国土地流转"四大模式"之一。

二、农业生产现状

1985年以前,全县种植业以粮食作物为主,之后确定了稳粮、压棉、发展经济作物的结构调整目标。20世纪90年代后,将花生、农作物制种、瓜菜作为种植业主导产品进行大力发展。进入新世纪后,将发展日光温室为主的蔬菜生产作为重点,粮食种植面积开始下降,直到2004年国家推行粮食直补政策以后,粮食面积、总产才止住下降的趋势,开始向上升的趋势发展。2004～2010年,连续五年粮食总产都有较大幅度的提高。2010年,粮食作物占农作物总播种面积的69.77%,经济作物占27.96%,小麦、玉米占粮食作物的98.27%。粮食作物种植制度以小麦、玉米轮作为主,小麦亩产一般在441.8kg左右,玉米亩产在528.8kg左右。

2010年,全县积极落实强农惠农政策,粮食生产有了较大幅度的提高。全县耕地面积为70000hm^2,瓜菜播种面积为19485hm^2,粮食播种面积为88874.87 hm^2,与上年基本持平,但总产量达到63.53万吨,比上年增长3.84%。

2010年,全县农业总产值为61.27亿元,其中农业、林业、牧业和渔业分别为38.22亿元、0.99亿元、19.09亿元和0.14亿元。宁阳县主要农产品产量、畜产品产量及2010年农业总产值如表1-2、表1-3和表1-4所示。

表1-2　宁阳县主要农产品产量

作　物	2010年(万吨)	比上年(%)
粮食总产量	63.53	3.84
小麦	33.72	4.95
玉米	28.92	3.66
蔬菜	10.07	2.44
水果	4.36	3.56

表1-3　宁阳县主要畜产品产量

类　型	2010年(万吨)	比上年(%)
肉类总产量	7.77	11
猪牛羊肉产量	5.98	12.62
奶类总产量	7.09	17.38
禽蛋总产量	2.99	6.03

表 1-4　　2010 年农业总产值

项　目	产值(亿元)	所占份额(%)
总计	61.27	100
农业	38.22	62.38
林业	0.99	1.62
牧业	19.09	31.15
渔业	0.14	0.23
农、林、牧、渔服务业	2.83	4.62

第三节　农业基础设施情况

一、农田水利建设情况

全县年平均水资源总量为 $3.2\times10^8 m^3$，人均水资源量为 $389m^3$，亩均水资源量为 $305m^3$，属缺水地区。2010 年底，全县共有水库、塘坝 1245 座，其中，中型水库 2 座；小(一)型水库 13 座，小(二)型水库 83 座，设计总库容为 $1952m^3$，设计灌溉面积为 $1113.33hm^2$；塘坝 1024 座，总库容为 $2524m^3$，小型堰坝 123 座。大型引河工程两处，即东引汶工程和西引汶工程，平均每年引水可灌溉面积为 $23333.33hm^2$。

近几年来，东部山区采取蓄、挖、截、调、节等措施，并且修塘坝、建蓄水池，尽量多蓄地表水；打深井，挖大口井、地通井，合理开采地下水。同时，推广防渗渠和喷灌、微灌、滴灌等技术，节约用水。西部平原地区以推行低压管道节水灌溉为主，降低灌溉成本。对东引汶和西引汶干渠进行维修，浆砌石渠 6km，维修石渠 4200m，新建建筑物 80 座，开挖疏通干、支渠 18km。

2010 年底，全县有机电井 11309 眼，其中已配套 10868 眼，装机容量为 98340kW，蓄水工程年设计供水能力为 $6.675\times10^7 m^3$，蓄水工程年实际供水能力为 $4.672\times10^7 m^3$。2010 年，机电井实际供水量为 $1.74\times10^8 m^3$，其中农业灌溉面积为 $1.6282\times10^8 m^3$，占总供水量的 93.57%，占全县总水资源的 50.88%。总灌溉面积为 $47360hm^2$，其中有效灌溉面积为 $44490hm^2$，旱涝保收面积为 $36610\ hm^2$，机电排溉面积为 $45580\ hm^2$，有效实际灌溉面积为 $37930hm^2$，占全县耕地面积的 54.19%。

二、农业生产机械情况

宁阳县农机总动力为 861883kW，单位耕地面积平均动力为 $12.3kW/hm^2$，其中柴油机为 665210kW，汽油机为 4303kW，电动机为 192370kW，农用拖拉机为 254411kW(13700 台)，农用运输车为 81385kW(4000 辆)。2010 年，实际机耕面积为 $54470hm^2$，机播面积为 $66390hm^2$(小麦为 $51880\ hm^2$)，机收面积为 $73380hm^2$(小麦为 $50920\ hm^2$)，机电灌溉面积为 $76500hm^2$，机械植保面积为 $57100\ hm^2$，作业机具配套比为 1∶3，机耕率为 84.56%。

第二章　土壤与耕地资源状况

第一节　土壤类型、分布及性状

一、土壤类型

全县土壤分为棕壤、褐土、潮土、砂姜黑土 4 个土类、10 个亚类、15 个土属、40 个土种。东部酸性岩山区发育的土壤均为棕壤，西部平原受西部钙质岩山区的影响发育成褐土，沿汶一带冲积母质在潜水作用影响下发育成潮土，东南部洼地因静水沉积而发育成砂姜黑土。各土壤类型分布面积情况如表 2-1 所示。

表 2-1　宁阳县土壤类型面积情况表

代　号	亚　类	面积(hm^2)	占可用面积(%)
1	棕壤性土	2303	3.29
2	棕壤	18018	25.74
3	潮棕壤	6692	9.56
4	褐土性土	805	1.15
5	淋溶褐土	5621	8.03
6	褐土	581	0.83
7	潮褐土	23471	33.53
8	潮土	3948	5.64
9	湿潮土	2156	3.08
10	砂姜黑土	6405	9.15

二、土壤分布

(一)棕壤

棕壤占可利用面积的 38.59%，分布在东庄镇的皮匠山，华丰镇的爵山、簸箕山、王岭山以南；磁窑镇、蒋集镇、堽城镇等区域内宁磁公路以南；堽城镇张阁老山，葛石镇石集村、北韦周村、兴龙庄村、杜家院村等以东区域，包括 6 个乡镇。山的中上部为棕壤性土，中下部为棕壤，部分较低洼处受地下水作用的影响而发育成潮棕壤。

（二）褐土

褐土占可利用面积的43.54％，分布在东庄镇、华丰镇钙质岩山以北，磁窑镇、蒋集镇、堽城镇北部靠近汶河处，以及宁阳沟以西的西部平原区。山的中上部为褐土性土，中下部为褐土和潮褐土，在与棕壤交界处分布着淋溶褐土。

（三）潮土

潮土占可利用面积的8.72％。地理分布有两种：一是河潮土，均在砂姜黑土的周围，分布在沿汶河一带，呈长带状；二是湿潮土，分布在西北部钙质岩山的山涧洼地和东南钙质岩低洼处的交接洼地，呈环带状。

（四）砂姜黑土

砂姜黑土占可利用面积的9.15％，主要分布在东南部及宁阳沟以东的低洼处，在西北部鹤山乡南部的山间洼地上也有分布。

三、土壤性状

（一）棕壤

宁阳县棕壤的成土母质主要是花岗岩和片麻岩的风化物，在沙地丘陵多为残积物和坡积物，而在坡麓和山前倾斜平地多为厚层坡洪积物和洪积物。本土类最基本的特点是：具有明显的黏化作用和强烈的淋溶作用。特别是典型棕壤，由于长期耕种，表土多呈现灰棕色或浅棕色。由于矿物黏粒被淋溶，在心土层形成了明显的矿物黏粒淋溶淀积层。由于淀积黏粒胶膜明显，心土层呈现红棕色。由于易溶盐和碳酸盐已被淋失，上部土层的黏粒与活性铁、活性锰也被淋溶到下部骤积，形成铁锰胶膜或铁锰结核。棕壤因发育程度不同和受潜水作用的影响，又分为棕壤性土、典型棕壤、潮棕壤3个亚类、4个土属、12个土种。

1. 棕壤性土

面积为2303hm^2，占可利用面积的3.29％。棕壤性土亚类分布在低山丘陵的中上部。由于成土时间短，土层浅薄，土体厚度一般小于30cm，以下常含有石块和沙砾。由于在成土过程中细粒物质多随着渗水而流失，因此，没有明显的黏粒和铁锰淀积。质地偏砂，多为粗骨土，且较均一。

2. 典型棕壤

面积为18018hm^2，占可利用面积的25.74％。典型棕壤包括2个土属、7个土种。典型棕壤亚类是棕壤的典型代表，按土体厚度分为中层和厚层，根据成土母质分为坡积物和洪积物。不论哪种类型，都具备棕壤的剖面特征：①明显的矿物黏粒淀积层，呈红棕色，棱柱状结构，有大量的铁锰结核。②呈微酸至酸性。③由于淋溶作用较强，表层质地偏砂，多为沙壤土，部分是轻壤土，中壤土基本不存在。

（1）坡积、洪积棕壤

面积为14504hm^2，占可利用面积的20.72％。坡积、洪积棕壤多分布在酸性岩山丘中下部的坡麓梯田上，土体厚度因所处部位不同而不等，但总的说土体多为中厚层土。根据土体厚度、表土质地、土体构型分为5个土种。

(2)洪积棕壤

面积为3514hm^2,占可利用面积的5.02%。仅有2个土种,即沙壤质厚黏心洪积棕壤和轻壤质厚黏心洪积棕壤。

3. 潮棕壤

潮棕壤亚类仅有洪积潮棕壤1个土属,分为4个土种,即轻壤质均质洪积潮棕壤、轻壤质厚黏心洪积潮棕壤、紧砂质厚黏腰洪积潮棕壤、沙壤质厚砂心洪积潮棕壤。面积共为6692hm^2,占可利用面积的9.56%。潮棕壤分布在酸性岩山丘平原的低平地带和沟谷梯田上。母质是酸性母岩洪积物,由长期受潜水作用影响而成。土体多为深厚层,地下水源较丰富。

(二)褐土

褐土主要发育在钙质岩成土母质上,分布在宁阳县西部平原和东部沿汶河的南岸。面积为40477.89hm^2,占可利用面积的43.54%。褐土土类又分为褐土性土、褐土、淋溶褐土、潮褐土4个亚类、6个土属、21个土种。

1. 褐土性土

面积为805hm^2,占可利用面积的1.15%。褐土性土分布在石灰岩低山丘陵中上部的荒山坡岭上。由钙质岩风化残积物形成,成土时间短,土层浅薄,剖面发育不完整,无心土层。质地多为砾质中壤土,母质中细粒部分较多,养分状况及蓄水、保肥能力均好于棕壤性土。

2. 淋溶褐土

面积为5621hm^2,占可利用面积的8.03%。只有洪积母质淋溶褐土1个土属。根据表土质地、土体厚度及土体构型分为中层沙壤质、中层轻壤质、均质轻壤、轻壤质厚黏心、轻壤质厚黏腰5个土种。淋溶褐土分布在钙质岩较高的部位,剖面中游离的碳酸钙被淋失,在1m土体内无石灰反应,1m以下即使有石灰反应,碳酸钙含量也甚微,且无钙积层。

3. 褐土

面积为581hm^2,占可利用面积的0.83%。褐土亚类在宁阳县只有发育在钙质母岩洪积母质上的1个土种,即轻壤质厚黏腰洪积褐土。面积虽小,但是褐土类的最典型亚类,具有褐土土类的典型特性。

4. 潮褐土

面积为23471hm^2,占可利用面积的33.53%,占褐土土类面积的77.02%,在褐土土类中占绝对优势。该亚类土壤耕作历史悠久,土壤熟化程度高,耕层厚度均在20cm以上,表土疏松,下部有较紧实的犁底层,心土层稍紧实而多孔,土体构型多为上轻下重的"蒙金型",通体无障碍层次,耕性良好,质地适中,养分较丰富。该亚类土壤在成土过程中,除具备褐土黏化作用、心土层较黏重、结构面上出现胶膜等褐土的主要成土过程之外,还受地下水影响。因成土母质不同又分为3个土属:一是由洪积母质受地下潜水作用影响而形成的洪积潮褐土;二是由洪积物与冲积物相互影响且受地下水作用而形成的洪积、冲积潮褐土;三是由汶河冲积母质形成的冲积母质潮褐土。

(1)洪积潮褐土

洪积潮褐土主要分布在东庄、华丰、南驿3个乡镇的钙质岩山的洪积扇缘上,北靠大汶河，是受大汶河浅水作用发育而成的。面积为 3052hm²，占可利用面积的 4.36%，只有 1 个土种，即轻壤质厚黏心洪积潮褐土。

(2)洪积、冲积潮褐土

洪积、冲积潮褐土主要分布在钙质岩山洪积扇的扇缘处，是受冲积母质的反复影响而成的。较明显的冲积层次以所处部位有三处：一是受大汶河冲积母质的影响，洪积母质与冲积母质的过渡区；二是在湿潮土的边缘、在洪积与静水沉积物的交界处；三是受县内小河流的影响，分布在小河的两侧。面积为 7546hm²，占可利用面积的 10.78%。根据其表土质地和土体构型分为 5 个土种，即轻壤质厚黏心洪冲积潮褐土、轻壤质厚黏腰洪冲积潮褐土、中壤质厚黏心洪冲积潮褐土、轻壤质厚砂心洪冲积潮褐土、轻壤质均质洪冲积潮褐土。

(3)冲积母质潮褐土

面积为 12873hm²，占可利用面积的 18.39%。冲积母质潮褐土主要分布在汶河南岸，沿济兖公路的两侧，由冲积母质形成。冲积层次明显，剖面发育完整，心土层有黏化现象，中下层有较多的铁锰结核和锈纹、锈斑。质地分布由离汶河的近远呈由轻至重的排列规律。根据表土质地和土体构型分为：沙壤质厚黏腰、均质轻壤、轻壤质厚黏心、轻壤质厚黏腰、中壤质厚黏心、中壤质厚黏腰、沙壤质厚黏心、沙壤质厚黏腰等 8 个冲积潮褐土。

潮褐土是宁阳县生产性能最佳的土壤，但冲积潮褐土又位于这个亚类各土属之首，是太、莱、肥、宁平原高产区的主要土壤类型。耕层质地适中，土体构型合理，熟化程度高，养分含量普遍高于其他各土种，但因土种养分含量不同，常年产量水平各异。

(三)潮土

潮土土类主要分布在宁阳县大汶河南侧的河漫滩上，河床决口泛滥处以及山间洼地交接的低洼处也有分布，直接发育在河流沉积物或静水沉积物上，是受潜水作用形成的一类土壤。面积为 6104hm²，占可利用面积的 8.72%，成土母质颗粒的粗细不仅在平面分布中有差异，而且在同一剖面中也有不同的质地层次排列。潮土各发生层的质地和色泽均一，中下层土层中有明显的锈纹、锈斑，土壤呈中性至碱性。根据成土母质不同，在宁阳县有河潮土和湿潮土 2 个亚类。

1. 河潮土

面积为 3948hm²，占可利用面积的 5.64%。河潮土分布在汶河南侧河漫滩及河床决口泛滥处，由于距河较近，受沉积影响较重，层理比较明显，质地轻，多为沙壤土。根据质地和土体构型又分为通体砂质河潮土、沙壤质厚壤心河潮土、沙壤质均质河潮土 3 个土种。

2. 湿潮土

面积为 2156hm²，占可利用面积的 3.08%。湿潮土主要分布在两大涝洼地：一是鹤山乡的鹤山洼，为山间洼地；二是乡饮洼，为砂姜黑土的边缘交接洼地。湿潮土是在长期季节性积水和较高浅水条件下形成的土壤。宁阳县只有湖积黑潮土 1 个土属和中壤质厚黏心 1 个土种。

(四)砂姜黑土

面积为 6405hm²，占可利用面积的 9.15%。砂姜黑土分布在鹤山乡的鹤山洼间洼地及乡饮乡的交接洼地，包括宁阳镇、泗店镇、宁阳沟以东、葛石镇、宁磁南路以南，由浅湖沼相沉积物发育而成。由于长期或季节性积水，使生长在本土壤上的植物积体进行以腐殖化为主的嫌气分解。纤维素、半纤维素等难以分解的物质便积累起来，使土壤表层积累有机质。当积水退干、土温上升时，又进行好气性分解，如此往复进行，使土壤形成了黑土层。由于在成土过程中土壤干湿交替频繁，使表层碳酸钙盐下淋，至一定深度时形成石灰结核。由于人类耕垦、旱耕熟化过程和后期黄土覆盖，使表土颜色逐渐变浅，形成了黄土覆盖层。根据耕层熟化程度、黄土覆盖厚度分为砂姜黑土、覆盖砂姜黑土 2 个土属。

1. 砂姜黑土

面积为 707hm^2，占可利用面积的 1.01%。砂姜黑土主要分布在宁阳镇北满庄的交接洼地处，黑土层裸露，质地黏重。颜色由于耕作熟化过程变浅，但仍是黑土表层的本色。

2. 覆盖砂姜黑土

面积为 5691hm^2，占可利用面积的 8.13%。覆盖砂姜黑土主要分布在乡饮洼、鹤山洼及东疏镇西部与汶上交界处。由于后期黄土覆盖，表层质地也向轻转化，但仍较黏重。黄土覆盖较薄的，耕性较砂姜黑土好，但仍较差；黄土覆盖较厚的，虽质地较重，但物理黏粒含量明显下降，生产性能有了显著提高。

第二节 土地利用状况

1988 年 5 月，宁阳县进行了土地利用现状调查工作，并编制了宁阳县土地利用现状图及村地籍图等资料。从 1996 年起，每年开展一次土地利用现状变更调查，将土地利用现状数据时间统一规定为每年的 10 月 31 日。2001 年 7 月，建立了全县农村土地利用现状管理系统。现在，全县各类土地总面积为 112370hm^2。

多年来，宁阳县加大地籍调查力度。1990 年 6 月，对县城建成区 5.2km^2 的土地进行地籍调查和土地登记发证工作。2002 年，对县城进行更新地籍调查，绘制 1：500 地籍图 269 幅。2010 年底，县城建成区面积达到 18km^2，其中工业用地面积为 2.4km^2，商业服务用地面积为 2.1km^2，市政绿化用地面积为 4km^2，住宅用地面积为 3km^2，交通用地面积为 1.6km^2，公共建筑用地面积为 1.3km^2，水域用地面积为 0.6km^2，农业用地面积为 0.9km^2，其他用地面积为 2.1km^2。同时，对乡镇和农村地籍的调查也于 1990 年相继展开。

1995 年完成《宁阳县土地利用总体规划(1990～2000 年)》的编制。1997 年 12 月，在原《宁阳县土地利用总体规划(1990～2000 年)》的基础上，编制《宁阳县土地利用总体规划(1997～2010 年)》。1999 年 8 月，完成《宁阳县基本农田保护区和宁阳县土地整理复垦开发专项计划》。2000 年 10 月，完成全县耕地总量动态平衡、城镇土地利用问题专题研究、《宁阳县土地整理复垦开发规划(1997～2010 年)》和《宁阳县基本农田保护规划(1997～2010 年)》。2008 年，又编制完成《宁阳县土地利用总体规划(2006～2020 年)》。

第三节　耕地利用与管理

一、耕地利用现状

全县现有耕地面积为 70000hm²，人均占有 0.09hm²，农业人口人均占有 0.11hm²。随着非农业用地和人口数量逐年增加，全县耕地总面积和人均占有耕地面积呈上下波动趋势。1979～1985 年，人均耕地和农业人口人均耕地无明显变化，到 1986 年后人均耕地呈下降趋势，到 2010 年，人均耕地和农业人口均呈现飞速上升的趋势，农业人口人均耕地达到最大数，比之前最高的 2003 年高 10%。1978～2010 年，宁阳县耕地面积及人均占有情况如表 2-2 所示。

表 2-2　　1978～2010 年宁阳县耕地面积及人均占有情况表

年　份	耕地面积(hm²)	人均耕地(hm²/人)	农业人口人均耕地(hm²/人)
1978	62693.33	0.09	0.10
1979	62526.67	0.09	0.09
1980	62353.33	0.09	0.09
1981	62233.33	0.09	0.09
1982	62146.67	0.09	0.09
1983	62073.33	0.09	0.09
1984	62000	0.09	0.09
1985	61940	0.09	0.09
1986	61646.67	0.08	0.09
1987	61500	0.08	0.09
1988	61373.33	0.08	0.09
1989	61300	0.08	0.09
1990	61253.33	0.08	0.08
1991	61233.33	0.07	0.08
1992	61126.67	0.07	0.08
1993	61080	0.07	0.08
1994	60926.67	0.08	0.08
1995	60773.33	0.08	0.09
1996	60700	0.08	0.09
1997	60360	0.08	0.09

续表

年　份	耕地面积(hm²)	人均耕地(hm²/人)	农业人口人均耕地(hm²/人)
1998	60253.33	0.08	0.09
1999	59786.67	0.07	0.09
2000	59120	0.07	0.09
2001	58893.33	0.07	0.09
2002	58146.67	0.07	0.08
2003	59353.33	0.07	0.1
2004	58240	0.07	0.1
2005	58313.33	0.07	0.09
2006	58380	0.07	0.09
2007	58673.33	0.07	0.09
2008	69033.33	0.08	0.11
2009	70240	0.08	0.11
2010	70000	0.09	0.11

出现上述波动的原因：一是随着社会经济的巨大发展，从业人口结构发生重大变化，农村人口在逐渐较少，更多的人转向城镇或二、三产业。二是土地复垦开发力度加大，全县各级把土地复垦开发列入到重要工作议程中，通过各项整理，2008 年比 1978 年全县耕地增加了 6340hm²。2008 年后，由于加大了耕地复垦和开发改良力度，耕地面积更是提高到 70000hm²。

在全县 70000hm² 耕地中，水浇地为 51415hm²，占 73.45%，所占比例与 2002 年基本相当，但面积大幅上升，由 2002 年的 33346.67hm² 上升到 2010 年的 51415hm²，增加了 18068.33hm²，增幅为 54.18%。主要原因：一是县乡各有关部门不断争取和实施相关项目或课题，争取到一定数量的农田水利建设资金；二是有些村采取措施，从上级有关部门争取相应的项目来改善耕地条件；三是有些人将市场规律与生产建设相衔接，在缺水地区打凿深井，创立水协会或合作社，使没有水的土地变成了水浇地；四是经济条件相对较好的村，靠集体拿一点、农民集一点、向上争取一点来进行农田水利建设。

二、耕地保养

根据国务院《基本农田保护条例》和《山东省划定基本农田保护条例》、《山东省耕地保养暂行规定》的要求，从 1995 年开始，全县开展基本农田保护区的划定和保护工作。

(一)实行地力等级评价制度，建立地力等级档案

按照全国土地评级标准，全县土地共分 6 个等级，耕地面积为 70000hm²。其中，有灌溉条件、土壤肥力较好的一级地占 27.55%，主要分布在伏山镇、东疏镇、泗店镇、宁阳镇、堽城镇、蒋集镇和鹤山乡；二级地占 11.09%，主要分布在鹤山乡、东疏镇、蒋集镇、堽城镇

和泗店镇；三级地占 21.85%，主要分布在蒋集镇、堽城镇、华丰镇和宁阳镇；四级地占 17.34%，主要分布在乡饮乡、葛石镇、磁窑镇和东庄乡；五级地占 15.33%，主要分布在葛石镇、磁窑镇、华丰镇和东庄乡；六级地占 6.84%，主要分布在东庄乡、鹤山乡和华丰镇。

（二）基本农田保护方面

全县共划定基本农田保护区 1193 片，面积为 60873hm²，保护率为 90.1%。县政府与各乡镇、乡镇与行政村签订基本农田保护责任书。全县共设立基本农田保护标志牌 841 块，整理基本农田保护档案 668 卷。宁阳县各乡镇基本农田保护区情况如表 2-3 所示。

表 2-3　宁阳县各乡镇基本农田保护区情况表

乡　镇	基本农田保护面积（hm²）	保护率（%）	保护片数
宁阳镇	1549.52	90.7	96
泗店镇	3479.29	96.2	102
东疏镇	6038.71	90	99
鹤山乡	6008.45	93.9	90
伏山镇	5565.82	90.5	113
堽城镇	7181.17	91.4	121
蒋集镇	3884.22	89.9	88
磁窑镇	3637.02	88.1	92
华丰镇	6387	89.6	91
东庄镇	5392.61	88.2	106
葛石镇	7024.49	84.6	98
乡饮乡	4724.7	87.6	97
合　计	60873	90.1	1193

（三）土壤改良效果显著

1981 年的土壤普查结果显示，农业耕地土壤肥力低，氮、磷比例失调。耕地有机质为 8.8g/kg，全氮为 0.62mg/kg，碱解氮为 56mg/kg，速效磷为 7.2mg/kg，速效钾为 86mg/kg。全县有 53753.33hm² 的耕地缺乏有机质，占可利用耕地面积的 75%；有 56326.67 hm² 的耕地缺磷或严重缺磷，氮磷比为 7.7∶1，占可利用耕地面积的 78.9%。为提高表土熟化程度、改良土壤理化性状，全县以深翻整平土地为重点，加深活土层，增加土壤含水量。1995 年，土壤肥力定位监测结果显示，全县有机质为 12.4mg/kg，碱解氮为 89mg/kg，速效磷为 15mg/kg，速效钾为 62mg/kg，分别比 1981 年提高 40.91%，58.93%、108.33%和 −27.91%，氮磷比为 4.8∶1。自 2006 年实施测土配方施肥项目以来，通过秸秆还田、黏地压沙改良、施肥用养结合等措施，土壤肥力有了明显的提高，有机质为 16.4g/kg，碱解氮为 91mg/kg，速效磷为 49.7 mg/kg，速效钾为 130mg/kg。

三、耕地施肥情况分析

(一)有机肥施用状况分析

以前,有机肥的主要来源是人畜粪尿,其次是秸秆、饼肥、绿肥和污水、污泥等。有机肥是培肥地力的最主要肥源,但随着化学肥料的生产和应用面积的增加,有机肥在农业生产肥料结构中的比例迅速降低。例如,1952 年有机肥应用量占全部肥料的 98%,到 1965 年降至 70%,1980 年又进一步降至 30%,到 1990 年降至不足 20%。

与化学肥料相比,有机肥对作物的增产效果不如化肥,它更多的作用体现在养地、增加土壤有机质等方面。同时,有机肥的释放速度缓慢,被当季作物利用的较少,损失率也较低,残留量则较多。有机肥用量与小麦产量的关系可用 $y=547.2+34.72x-2.913x^2$(y 为小麦产量,单位为 kg/667m²;x 为有机肥用量,单位为吨/667m²)描述。根据这一曲线,当有机肥用量为 5.96 吨/667m² 时,小麦产量达到最大值,当有机肥用量增至 5 吨时,小麦增产幅度下降,但对下茬玉米的后效增产作用幅度较大。在生产上,利用有机肥的主要障碍是在收集、储存、运输和施用过程中耗费的劳力较多。

目前,就宁阳县有机肥源来说,储量较为丰富。宁阳县统计资料显示,现有畜牧生产可产粪便约 60 万吨,除去约 1/4 进行食用菌生产或其他用途(如用来生产生物肥等)外,有约 1/4 作为垃圾处理掉,剩余约 30 万吨可作为有机肥应用于大田,当前有机肥主要应于蔬菜田和果园。目前全县菜田和果田播种面积为 19780 hm²,平均每亩应用有机肥 1.01 吨。粮田有机肥源主要来源于秸秆还田。据统计,目前全县麦田秸秆还田率在 94% 以上,玉米在 56%以上。秸秆还田的地块中,每亩还秸秆 1600~1700kg,即每亩增加有机物 300~350kg,相当于 2000~5000kg 的牲畜粪便。

(二)化肥施用状况分析

1. 肥料投入状况

(1)施肥数量变化特点分析。据全县统计数据显示,20 世纪 70 年代以前,全县土地基本没有施用化肥的,基本以土杂肥为主。进入 20 世纪 70 年代后,随着肥料生产企业的兴起,化肥应用量开始大幅上升。从应用种类上看,一开始主要为氮肥,20 世纪 80 年代开始施用磷肥,之后施用钾肥。在施肥数量上,自 20 世纪 50 年代以来,化肥投入逐年增加,2005 年(测土配方施肥项目实施前一年)达到 13.8 万吨,折合 4.64 万吨纯养分。自实施测土配方施肥项目以来,肥料投入虽然仍呈较高态势,但数量已趋于合理。2005~2010 年肥料投入情况如表 2-4 所示。

表 2-4　　2005~2010 年肥料投入情况表

年份	耕地面积(hm²)	投入化肥总量(万吨)	折纯养分(万吨)	亩均肥料(kg/667m²)	亩均纯养分(kg/667m²)
2005	58313.33	13.8	4.64	157.77	53.05
2006	58380	13.77	4.46	157.25	50.93

续表

年份	耕地面积（hm^2）	投入化肥总量（万吨）	折纯养分（万吨）	亩均肥料（$kg/667m^2$）	亩均纯养分（$kg/667m^2$）
2007	58673.33	14.2	4.44	148.96	50.44
2008	69033.33	13.11	4.38	126.61	42.3
2009	70240	12.29	4.22	116.65	40.05
2010	70000	14.91	4.81	142	45.81

(2)施肥种类和结构变化特点分析。在测土配方施肥项目实施前，全县在施肥结构上存在重氮，轻磷、钾，忽视中、微量元素的习惯。在1980年前，施肥主要为氮肥，肥料品种主要为氨水、碳酸氢铵，磷、钾肥基本不用。1980年后，生产上逐渐开始施用二铵、过磷酸钙、氯化钾、硫酸钾等磷、钾肥，但在养分结构上仍以氮为主。1985年后，磷、钾比例开始上升，到2005年，即测土配方施肥项目实施前一年，氮、磷、钾比例始终呈现上升的趋势，磷达到最大值。从2006年开始，磷所占的比例开始下降，钾呈上升态势，这一变化与当前世界肥料消费中磷肥比重下降、钾上升的现象一致，也与当前全县测土化验的结果相一致，这说明全县施肥结构正趋于合理。宁阳县化肥消费氮、磷、钾比例情况如表2-5所示。

表2-5　宁阳县化肥消费氮、磷、钾比例情况表

年　份	$N:P_2O_5:K_2O$
1980	1∶0.30∶0.05
1985	1∶0.31∶0.12
1990	1∶0.35∶0.16
1995	1∶0.41∶0.21
2000	1∶0.43∶0.24
2005	1∶0.45∶0.32
2006	1∶0.43∶0.37
2007	1∶0.39∶0.38
2008	1∶0.30∶0.41
2009	1∶0.30∶0.31
2010	1∶0.29∶0.33

(3)其他肥料施用情况

①中、微量元素肥料。在20世纪80年代前，全县应用含中、微量元素的肥料较少，且仅限于在蔬菜和果树上应用，在粮食作物上应用较少，直到大面积出现玉米缺锌白苗现象后，中、微量元素才被广泛应用。后来随着复合肥的广泛应用，中、微量元素多作为复合肥的有效养分而应用于农业生产中，但所占比例较小。据不完全统计，现在中、微量元素在

全县的施用面积约为 33333.33hm²。

②复合肥。近几年，尤其是实施测土配方施肥项目以来，复合肥施用量所占的比例上升较快。复合肥的优势在于：它是把平衡施肥原理与技术同肥料产品结合起来的产物，即科技成果物化的产物。就当前肥效来看，配方合理的复合肥的肥效总是高于常规肥料的肥效，

从目前生产上应用的复合肥的养分含量来看，养分含量较高，大多为 40%～55%，甚至更高，其养分种类比较齐全，不仅含有丰富的氮、磷、钾，有的品牌还含有丰富的中、微量元素，营养全面均衡，这是普通习惯施用的肥料所不能比拟的。复合肥在宁阳县应用情况如表 2-6 所示。

表 2-6 复合肥在宁阳县应用情况

年份	化肥总用量（万吨）	化肥折纯总量（万吨）	复合肥总用量（万吨）	复合肥折纯总量（万吨）	复合肥占化肥总用量（%）	复合肥折纯占化肥折纯（%）
2005	13.8	4.24	4.13	2.48	30.72	58.49
2006	13.77	4.46	4.66	2.79	33.84	62.56
2007	14.2	4.44	4.93	2.86	34.72	64.41
2008	13.11	4.38	4.79	2.87	36.54	65.53
2009	12.29	4.22	4.73	2.84	38.49	67.3
2010	14.91	4.81	5	3	33.53	62.37

复合肥应用数量尽管只占肥料总量的 1/3，但养分总量则占到肥料养分含量的 60% 以上。

③缓控释肥。缓控释肥在宁阳县被应用的类型主要为包膜型缓控释肥料和掺混肥。它在蔬菜，尤其在设施蔬菜上应用量较大，在粮食作物上应用较少。近几年来，控氮肥在小麦、玉米、花生上开始施用，效果也较为明显。据调查，施用缓/控释肥可使小麦增产 12.5%～22.7%、可使玉米增产 11.2%～18.4%、可使花生增产 13.6%～21.3%、可使设施蔬菜增产 16.1%～26.2%。同时，肥效不是一次性释放，使肥效利用率提高，均在 40% 以上。

尽管目前缓/控释肥应用数量还较小，仅占全部肥料的 5%～8%，但这主要是因为价格较高，使农业生产成本变大。如果厂家能降低生产成本，调低市场销售价格，应用前景还是十分广阔的。

2. 施肥方法分析

开展测土配方施肥项目前，在小麦施肥上，农民施基肥主要有三种：一是只施二铵，占 20%；二是只施复合肥，占 40%；三是复合肥、尿素、二铵相互搭配，占 30%。施基肥的主要方式是撒施，占 70%，沟施占 30%。施追肥主要是追施尿素，占 20%，其余 30% 为复合肥。追肥方式：撒施占 40%，浇施占 40%，沟施占 20%。玉米由于接小麦茬口进行种植，

其种植方式主要是麦田套种和麦后直播，因而其施基肥的数量相对偏少，基肥一般以复合肥和二铵为主，在玉米播种前施入，施肥方式为沟施。追肥以尿素为主，占70%左右，其余为复合肥或二铵，施肥方式：沟施占10%、浇施占35%、撒施占55%。

开展测土配方施肥项目后，在小麦施肥上，农民施基肥主要有四种：一是施配方肥，占10%；二是只施复合肥，占40%；三是复合肥、尿素、二铵相互搭配，占32%；四是只施二铵，占18%。施基肥方式：撒施占60%、沟施占40%。施追肥主要是追施尿素，占60%，复合肥占40%。追肥方式：撒施占35%、浇施占52%、沟施占13%，追肥时间：返青追肥占18%、起身追肥占58%、拔节追肥占24%。在玉米种植上，农民施基肥主要是施配方肥占21%、施复合肥占52%、施二铵占29%。施肥方式以沟施为主，占72 %，浇施占28%，全县约有82%的农户施用基肥。追肥以尿素为主，占56%，复合肥占21%，配方肥占12%，二铵占11%，施肥方式：沟施占36%、浇施占31%、撒施占33%。

测土配方施肥项目实施以来，部分农户的施肥习惯发生了改变，主要作物增产、增收效果明显，肥料利用率也有了明显提高，项目实施前后肥料利用率提高了约11个百分点，取得了显著的经济和社会效益。

（三）粮食生产情况

1. 60年的粮食生产变化趋势

回顾粮食生产的历程不难发现，粮食生产总是遵循着“增长—波动—增长”的轨迹向前发展。

(1)1949～1977年的粮食生产波动。1949～1977年这一时期，宁阳县粮食生产发展缓慢。29年间，粮食生产经历了6次波动，其中有3次超常性波动。①1950～1952年是新中国成立后的三年国民经济恢复时期，也是3个粮食连续增产的年度。1952年比1949年增产46.65%，但在1953年出现了第一次粮食生产波动，比1952年降低6.84%。②1954～1956年是第一个波动后的3个粮食增产年度，1956年比1953年增产28.17%。从1957年开始到1961年出现了第二次粮食生产超常性波动，粮食增产率大幅下降，其中1960年和1961年分别比1956年下降了28.86%和29.31%，这五年粮食增产率为27.05%～27.56%。③1962～1967年，粮食连续6年增产，年均增长率为9.65%，1968年又出现一次波动，比1967年产量下降8.26%，7年的增长率为－8.26%～23.98%。④在1968年出现大波动后，1969年又呈现出较大增长，比1968年增长11.85%，之后的1970年出现第四次波动，产量下降4.2%。⑤1971～1973年连续三年增产，年均增长10.6%，1973年比1969年增长29.53%。1974年出现了第五次超常性波动，产量比1973年下降23.12%。这四年增长率为－23.12%～13.24%，年均增长率为2.17%。⑥1975～1976年连续两年增产，平均增长22.47%，其中1975年比上年增长38.26%，1977年出现第六次波动，产量下降6.69%。到1977年末，全县粮食总产为20.987万吨，比1949年增加13.6885万吨，增长187.55%，年均增长6.7%。

(2)1978～2010年的粮食生产波动。1978～2010年是改革开放的时期。在这一时期，宁阳县粮食生产快速发展。32年间，粮食生产经历了5次波动，其中4次超常性波动。①1978～1980年是1977年后的3个粮食增长年度，年均增长率为9.19%，1981年则出现了1977年后的第一次粮食生产波动，1981年粮食约为25.944万吨，比1980年减产约 1.3645 万吨，减幅为 5.04%，4 年年均增幅为 5.64%。②1982～1987 年，中间仅 1985 年基本保持平产，没出现增产，其余 5 年增幅明显。6 年年均增幅 5.94%，增幅最大的为 1984 年，比 1983 年增 18.81%，6 年连跨 30 万吨和 35 万吨两个台阶。接着，1988～1989 年连续两年出现第二次粮食超常性波动，到 1989 年，产量由上年的 35.3445 万吨降到 31.1445 万吨，减产约 4.2 万吨，减产 11.88%，两年平均减产 7.25%。该阶段年均平均增产 2.64%。③第二次粮食生产波动后的 1990～1991 年，粮食生产迅速恢复，连续两年增长，年均增长率为 16.07%。这两年不仅全县粮食重新跃上 35 万吨台阶，而且迈上了 40 万吨台阶。1992 年又出现了第三次波动，比 1991 年减产 7.23%，跌下 40 万吨台阶。④1993～1997 年，粮食生产又呈现出恢复性增长态势，平均每年增长 4.36%，到 1996 年跃上 45 万吨台阶，之后的 1998～2002 年连续五年粮食产量下降，到 2002 年已由 1997 年 48.0255 万吨下降到 38.49 万吨，约减少 0.5355 万吨，减幅为 19.86%。这次超常性波动时间长度为 5 个粮食生产年度，时间较长，粮食总量为负增长。⑤2003～2010 年，经过第四次大波动后，全县粮食生产迅速恢复发展，连续 6 年呈现增长势头，2005 年跨过 50 万吨台阶，2007 年又跨过 55 万吨台阶，6 年年均增长率为 9.18%，是增长较快的一段黄金期。

2. 粮食消费状况

近年来，粮食消费总量上升趋势缓慢，人口增长仍是粮食总需求量的推动力。但近几年来，广大人民群众的消费结构发生了重大变化，口粮消费量逐渐趋于稳定并略有下降，而饲料粮所占的粮食比重却迅速提高。这主要是由于城市化及市场化对口粮消费的负影响，同时也是因为收入增长和城市化导致人均畜产品和水产品消费量的成倍增长，使人均饲料粮消费以高于人均粮食消费的速度递增。

据测算，目前全县人均占有粮食在 700kg 以上，高于当前人均占有 400kg 的国际标准。但宁阳县作为养殖大县，饲料粮用量较大。以 2007 年为例，全县全年饲料粮约 20 万吨，占 35.2%，人占有粮食实际为 36.7 万吨，人均实际占有粮食 453.6kg，虽高于国际标准，但粮食生产前景并不乐观。随着人民生活水平的提高，对动物类食品的需求也将呈现较快增长的态势，届时，人畜争粮的矛盾也将更加突出。因而，发展适宜的畜牧产品及与之相适应的畜牧粮食、缓解人畜争粮的矛盾将是一个至关重要的任务。同时应抓紧粮食生产不放松，努力稳定面积和提高单产。

（四）施肥中存在的问题

1. 重施无机肥、轻施有机肥现象依然严重

一些农户贪图省事，少施甚至不施有机肥，主要依赖化肥。特别是粮田，有机肥的施入量甚微，农户进行掠夺式经营，只种地不养地。这样就出现了有机肥的施用量和施用面积逐年下降，从而导致土壤物理性状恶化，再生产能力下降，直接影响到作物产量和品质的提高。

2. 重视大量元素，忽视微量元素及生物肥料

由于地形、气候、施肥技术等因素影响，叶面喷施微肥和微肥拌种发挥不出应有的效果，利用率不高。而大量元素与微量元素的失衡，使作物的生理性病害普遍发生，从而造成产品产量和品质的下降。

3. 盲目施肥和经验施肥现象依然存在

特别是粮田施肥，部分农户依然坚持20世纪80年代的“一白一黑”施肥模式，即每亩施一袋氮肥、一袋磷肥。有的地块施入的有机肥未经充分腐熟，结果造成菜田发生病虫害、果树秋梢生长过旺等。盲目施肥和经验施肥不仅造成肥料的浪费，而且还影响了农产品的产量和品质。

4. 施肥方法和时间不当

一些农户为省事，施肥还坚持撒施，结果造成肥料浪费，甚至对作物造成了肥害，对环境也造成了一定程度的污染。由于施肥方法不当，使肥料利用率降低，起不到应有的增产作用。同时，在施肥时间上也存在一定问题，不能使肥料与作物的需求时间相统一。

第三章 样品采集与分析

第一节 土壤样品的布点与采集

一、布点

（一）布点原则

用于耕地地力评价的土壤样品要能满足项目的需要，能保证获取信息及成果的准确性和可能性。大田作物要考虑地形地貌、土壤类型、肥力高低、作物种类等，保证采样点具有典型性和代表性，同时要兼顾空间分布的均匀性。蔬菜地还要考虑设施类型、蔬菜种类、种植年限等。

（二）布点方法

首先综合分析宁阳县土地利用现状图、行政区划图、土壤图、土壤普查资料、化肥使用情况等，根据乡镇面积、各类作物种植面积、采样点数量，按规定的密度确定采样单元，平均每个采样单元为6.67～13.33hm^2（平原区、大田作物每6.67～33.33hm^2采一个混合样，丘陵区每2～5.33hm^2采一个混合样），然后在1∶50000的宁阳县土地利用现状图上进行室内布点。布点时把土地利用现状图与土壤图套合，根据套合单元确定采样点位置，力求点位均匀分布，然后根据图上的点位到野外确定实际的采样点位置。（用于耕地地力评价的土壤样品（2008年），按耕地地力评价布点原则，先确定采样点数2200个（经筛选确定2126个）进行室内布点，然后根据室内布点取样，当野外取样点位发生变更时，及时对原点位进行修正。

二、土样采集

（一）采集时间

粮田土样在玉米成熟后、小麦播种前采集，蔬菜地土样在6月凉棚期采集。

（二）采集方法

根据采样点位图到点位所在的村庄，向农户了解本村主要作物的种植及产量情况，确定具有代表性的田块。在已确定的田块中心，用GPS定位并向四周辐射多个分样点，按照“随机”、“等量”和“多点混合”的原则用不锈钢取土器或木铲采集15个点以上的混合样品，每个采样点的取土深度及采样数量要均匀一致，一般采用“S”形布点取样。粮田土样采样时避开沟渠、林带、田埂、路旁、微地形高低不平的地段，采样地块面积一般要求为

0.07～0.33 hm^2，采集深度为0～20cm，采集的各样点土壤要挑出根系、秸秆、石块、生物体等杂物，充分混匀。日光温室、塑料大棚土样要在同一个棚内采集，采集深度为0～25cm。混合样按照沟、垄面积比例确定沟、垄取土点位数量。采用四分法留取1kg土样装入样品袋中，用铅笔填写两张标签，土袋内外各一张。

测定土壤容重的样品，用环刀在表土层中采集，每个样点采集3个环刀样。

（三）采样地块调查表的填写

调查表格采用《测土配方施肥技术规范》提供的表格，采样调查前组织野外调查人员认真阅读填表说明并模拟填写，所有人员掌握标准后才可进行野外调查。调查表中土壤类型、土壤质地、地形地貌等在室内填写完成，其他内容均在野外向农户询问后，按调查表格的内容逐项现场填写，填写好的调查表都要经技术组技术人员审核。

（四）农户施肥情况调查

为做好耕地地力评价工作，随机选取130户农户作为施肥调查户，其中100户为实施测土配方施肥的农户，30户为未实施测土配方施肥的农户，并对其施肥情况进行长期跟踪调查。

本次调查采用随机取点，即先把130户农户平均分到12个项目乡镇，然后再随机选取村及农户。调查时，直接与农户交谈，调查地块种植作物的基本情况、实际施肥明细等项目，现场填写农户施肥情况调查表，每季作物填写一张表。

所有田间调查的采样地块调查表和农户施肥情况调查表的数据要全部录入到测土配方施肥数据汇总系统中。

第二节 土壤样品的制备

一、风干样品

从野外采回的土壤样品及时送到化验室并放在样品盘上，摊成薄薄的一层，置于干净整洁的室内通风处自然风干，严禁暴晒，严禁酸、碱等气体及灰尘污染。风干过程中经常翻动土样并将大土块捏碎以加速干燥，同时剔除土壤以外的侵入体。

风干后的土样按照不同的分析要求研磨过筛，充分混匀后，装入样品瓶中备用。瓶内外各放标签一张，写明编号、采样地点、土壤名称、采样深度、样品粒径、采样日期、采样人及制样时间、制样人等项目。全部分析工作结束且分析数据核实无误后，试样一般还要保存三个月至一年，以备查询。少数有价值需要长期保存的样品，保存于广口瓶中，用蜡封好瓶口。

二、一般化学分析试样

将风干后的样品平铺在制样板上，用木棍或塑料棍碾压，并将植物残体、石块等侵入体和新生体剔除干净，已断的细小植物须根采用静电吸附的方法清除。压碎的土样全部通过2mm孔径筛。未过筛的土粒重新碾压过筛，直至全部样品通过2mm孔径筛为止。通过2mm孔径筛的土样可供pH及有效养分项目的测定。

将通过 2mm 孔径筛的土样用四分法取出一部分继续碾磨，使之全部通过 0.25mm 孔径筛，供有机质、全氮等项目的测定。

三、中、微量元素分析试样

用于中、微量元素分析的土样，其处理方法同一般化学分析样品一样，但在采样、风干、研磨、过筛、运输、储存等诸环节均不要接触金属器具，以免污染。采样时使用木、竹或塑料工具，过筛使用尼龙网筛等。通过 2mm 孔径尼龙筛的样品可用于测定土壤有效态微量元素。

四、颗粒分析试样

将风干土样反复碾碎，使之全部通过 2mm 孔径筛。留在筛上的碎石称量后保存，同时将过筛的土壤称量，以计算石砾的质量百分数，然后将土样混匀后盛于广口瓶内，用于颗粒分析及其他物理性质测定。若在土壤中有铁锰结核、石灰结核、铁核或半风化体，不能用木棍碾碎，应细心拣出并称量保存。

第三节　样品分析与质量控制

一、样品测试

根据农业部《测土配方施肥技术规范》及《山东省 2008 年测土配方施肥补贴项目实施方案》的要求，宁阳县 4 年共采集土壤样品 7749 个、蔬菜样品 501 个，全量分析化验了土壤有机质、速效磷、速效钾，减量(50%)分析化验了土壤全氮、碱解氮、缓效钾、有效铁、有效锰、有效铜、有效锌、有效硼，少量分析化验了交换性钙、交换性镁、交换性硫、交换性钼、容重，大田土样 50%、蔬菜地土样 100%分析化验了 pH。其中，用于耕地地力评价的 2126 个(2008 年)土样化验了所有项目。土壤测定项目及测定方法如表 3-1 所示。

表 3-1　土壤测定项目及测定方法表

分析项目	依　据	测定方法
pH	土壤分析技术规范	玻璃电极法
有机质	土壤分析技术规范	油浴加热重铬酸钾氧化—容量法
全 氮	土壤分析技术规范	凯氏蒸馏法
碱解氮	土壤分析技术规范	碱解扩散法
速效磷	土壤分析技术规范	碳酸氢钠浸提—钼锑抗比色法
速效钾	土壤分析技术规范	乙酸铵浸提—火焰光度法
缓效钾	土壤分析技术规范	硝酸提取—火焰光度法

续表

分析项目	依 据	测定方法
有效铜	土壤分析技术规范	DTPA浸提—原子吸收分光光度法
有效锌	土壤分析技术规范	
有效铁	土壤分析技术规范	
有效锰	土壤分析技术规范	
有效硼	土壤分析技术规范	沸水浸提—甲亚胺—H比色法
交换性钙、交换性镁	土壤分析技术规范	乙酸铵浸提—原子吸收分光光度法
有效硫	土壤分析技术规范	磷酸盐—乙酸浸提—硫酸钡比浊法
有效钼	土壤分析技术规范	草酸—草酸铵浸提—极谱法
容 重	土壤分析技术规范	环刀法

二、质量控制

严格按照《测土配方施肥技术规范》的要求，在环境、人员、仪器及化验质量等方面严格控制。

(一)环境、人员、仪器控制

化验室总使用面积为260m^2，分为样品处理室、天平室、分析室、药品室和储藏室。天平室、分析室配置了空调和排气扇，并制定了具体措施，化验室环境温度控制在15℃～30℃，电源电压为(220±11)V且接地良好，噪声、含尘量均控制在技术规范要求之内。6名具有专业知识、高素质的专业技术人员固定在化验室，负责样品的处理及化验。仪器购置严格按照规定，与省招标确定的仪器供应厂家签订供货合同，对所购置的仪器设备都建立档案。购买国务院有关业务部门批准并授权生产的标准物质，要附有标准物质证书且在有效期内。

(二)化验质量控制

1. 校准标准曲线

为消除温度等其他因素的影响，每批样品(钾、微量元素)均需配置标准曲线。与样品同条件操作，标准系列设置6个以上的浓度点，只有标准曲线的相关系数的绝对值大于0.999，该标准曲线才视为合格。

2. 校准标准滴定溶液

严格按照标准溶液配置、标定的方法，标准滴定溶液(氮、有机质)均采用一级标准物质配置，并定期核准。

3. 空白、平行、标准样试验

每批测定样品的同时，均做一个空白试验。平行试验按测定样品数量的30%进行。如果平行测试结果符合规定的允许差，最终结果以其平均值报出，如果平行测试结果超过规定的允许差，再加测一次，取符合规定允许差的测定值。如果多组平行测试结果超过规定的允许差，则整批样品全部重做。每天加测两个由省土肥站提供的标准样，测试结果与标准样品标准值的差值要控制在标准偏差范围内。

（三）其他措施

化验室内的质量控制除以上日常工作外，还由质量管理人员对检测结果的准确度、重复性等进行控制：用标准样作为密码样，不定期地进行抽查；按不同类别随机抽取样品，制成双样同批抽查；随机抽取检样，编成密码跨批抽查。

第四章　土壤理化性状及评价

宁阳县按照项目要求，2006～2011年共采集化验土样9617个，其中2006年采集土样2044个；2007年采集土样2036个；2008年6月采集蔬菜地土样501个，9月采集大田土样3013个；2009年采集土样656个、剖面样20个；2010年采集土样531个；2011年采集大田土样766个、蔬菜地土样50个。用于本次耕地地力评价的数据为2008年6月采集的蔬菜地土样和9月采集的大田土样的化验数据，开始时布点为2200个，后经筛选确定了2126个，其中粮田土壤样品1982个、蔬菜地样品144个。

第一节　土壤pH和有机质

一、土壤pH

土壤pH是影响作物生长的主要因素之一，也是土壤肥力的主要指标之一。2008年，全县共化验土壤pH样品2126个，其中粮田样品1982个、蔬菜地样品144个。根据土壤化验数据统计，全县粮田耕层土壤pH低于6.5的面积占耕地总面积的50.84%。少数面积土壤的pH下降现象明显。从土壤分布类型看，潮棕壤（低于6.5）的比例最大，其次为砂姜黑土，占比例最小的是淋溶褐土。蔬菜地比粮田土壤酸化明显。土壤酸化的主要原因是近几十年来大量使用含硫酸盐和盐酸盐的复合肥，工业三废污染形成酸雨，蔬菜地常年大量施用酸性肥料和二氧化碳气肥，土壤得不到及时耕翻，常年连茬种植，土壤酸化严重。建棚时间越久，酸化现象越明显。宁阳县土壤pH等级分布及不同土壤类型土壤pH分布如表4-1、表4-2和表4-3所示。

表4-1　　宁阳县土壤pH等级分布表

分级标准	等级面积（hm^2）	占耕地面积比例（%）
＞7.5	392	0.5
6.5～7.5	34020	48.6
5.5～6.5	34930	49.9
＜5.5	658	0.94
合　计	70000	100

表 4-2　　粮田不同土壤类型表层 pH 分布表

土壤类型		样品数	<6.5		6.5～7.5		7.5～8.5		>8.5	
			样品数	占(%)	样品数	占(%)	样品数	占(%)	样品数	占(%)
砂姜黑土	砂姜黑土	241	127	52.7	108	44.81	6	2.49	0	0
潮土	潮土	143	46	32.17	93	65.03	4	2.80	0	0
褐土	潮褐土	881	421	47.79	429	48.69	30	3.41	1	0.11
	淋溶褐土	180	56	31.11	113	62.78	9	5	2	1.11
棕壤	棕壤	408	199	48.77	185	45.34	22	5.39	2	0.49
	潮棕壤	220	125	56.82	93	42.27	2	0.91	0	0

表 4-3　　蔬菜不同土壤类型表层 pH 分布表

土壤类型		样品数	<6.5		6.5～7.5		7.5～8.5		>8.5	
			样品数	占(%)	样品数	占(%)	样品数	占(%)	样品数	占(%)
潮土	潮土	49	17	34.69	32	65.31	0	0	0	0
褐土	潮褐土	197	32	16.24	109	55.33	56	28.43	0	0
	淋溶褐土	73	24	32.88	45	61.64	4	5.48	0	0
棕壤	棕壤	119	59	49.58	51	42.86	9	7.56	0	0
	潮棕壤	7	5	71.43	2	28.57	0	0	0	0

二、土壤有机质

有机质是土壤固相部分的重要组成部分，对土壤形成、土壤肥力、环境保护及农业可持续发展有着极其重要的意义。它含有植物所需要的各种营养元素，对土壤物理、化学和生物学性状有着深刻的影响。

2008 年，宁阳县共化验土壤有机质样品 3503 个，平均含量为 16.2g/kg，其中粮田样品 3002 个、蔬菜地样品 501 个。根据土壤耕层养分化验数据统计，粮田土壤有机质平均含量为 16.4g/kg，蔬菜地土壤有机质平均含量为 15.5g/kg。全县耕地土壤有机质含量较丰富(>15g/kg)的面积占耕地总面积的 62.6%。从土壤类型分布看，分布在南部洼地处的砂姜黑土土壤有机质含量最高，其次为西部平原的潮褐土、潮棕壤土类，分布在山区较高部位的淋溶褐土土壤有机质含量最低。大棚蔬菜地土壤有机质含量略低于粮田土壤有机质含量。宁阳县土壤有机质含量等级分布及不同土壤类型土壤有机质含量分布如表 4-4、表 4-5 和表 4-6 所示。

表 4-4　　宁阳县土壤有机质含量等级分布表

分级标准(g/kg)	等级面积(hm²)	占耕地面积比例(%)
＞20	13895	19.85
15～20	29925	42.75
12～15	18081	25.83
8～12	7000	10
＜8	1099	1.57
合　计	70000	100

表 4-5　　粮田不同土壤类型土壤有机质含量分布表

土壤类型		平均数(g/kg)	样品数	＜6		6～12		12～15		15～20		＞20	
				样品数	占(%)	样品数	占(%)	样品数	占(%)	样品数	占(%)	样品数	占(%)
砂姜黑土	砂姜黑土	17.3	312	16	5.13	62	19.87	44	14.1	110	35.26	80	25.64
潮土	潮土	15	192	9	4.69	45	23.44	54	28.12	56	29.17	28	14.58
褐土	潮褐土	17	1255	124	9.88	229	18.25	226	18.01	318	25.33	358	28.53
	淋溶褐土	15.5	274	18	6.57	55	20.07	74	27.01	78	28.47	49	17.88
棕壤	棕壤	16.1	648	64	9.88	138	21.3	112	17.28	167	25.77	167	25.77
	潮棕壤	16.3	361	38	10.53	63	17.45	85	23.54	74	20.5	101	27.98

表 4-6　　蔬菜地不同土壤类型土壤有机质含量分布表

土壤类型		平均数(g/kg)	样品数	＜6		6～12		12～15		15～20		＞20	
				样品数	占(%)	样品数	占(%)	样品数	占(%)	样品数	占(%)	样品数	占(%)
潮土	潮土	17.6	49	2	4.08	6	12.24	10	20.41	14	28.58	17	34.69
褐土	潮褐土	16	197	7	3.55	42	21.32	47	23.86	59	29.95	42	21.32
	淋溶褐土	14	73	7	9.59	18	24.66	25	34.25	11	15.06	12	16.44
棕壤	棕壤	15.8	120	5	4.16	23	19.17	27	22.5	40	33.33	25	20.84
	潮棕壤	10.3	7	2	28.57	4	57.14	1	14.29	0	0	0	0

2008 年，耕地土壤有机质含量与 1981 年第二次土壤普查和 1995 年土壤肥力监测结果相比有了很大提高，比 1981 年全县有机质平均含量的 8.8g/kg 增加了 7.7g/kg，比 1995 年全县有机质平均含量的 12.4g/kg 增加了 4.1g/kg。从 1981 年土壤普查至今，宁阳县土壤有机质含量呈上升趋势，这是常年坚持不断地推广秸秆还田和测土配方施肥的结果。土壤有机质含量对比图如图 4-1 所示。

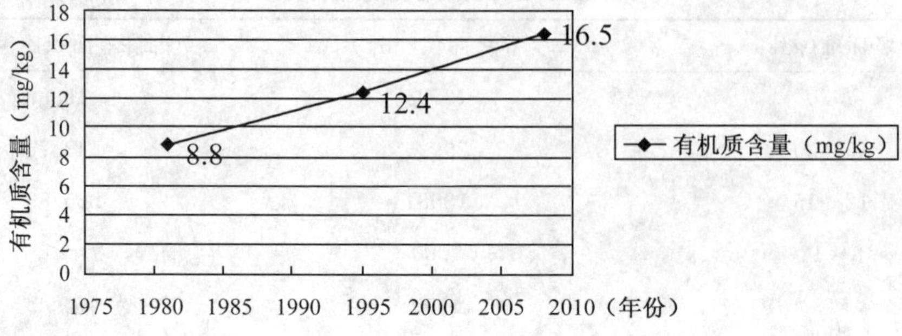

图 4-1 土壤有机质含量对比图

第二节 土壤大量元素

一、土壤全氮和碱解氮

氮素是作物的主要营养元素，与作物的产量和品质关系很大，对农作物生长发育和产量形成有举足轻重的作用。

（一）土壤全氮

2008 年，宁阳县共化验土壤全氮样品 2126 个，全县平均含量为 0.88 g/kg，其中粮田样品 1982 个、蔬菜地样品 144 个。根据土壤耕层养分化验数据统计，粮田土壤全氮平均含量为 0.87g/kg，蔬菜地土壤全氮平均含量为 0.98g/kg。全县耕地土壤全氮含量较丰富(>1g/kg)的面积占耕地总面积的 35.46%。从土壤类型分布看，潮棕壤平均含量最高，其次为潮褐土，砂姜黑土含量最低，蔬菜地比粮田土壤全氮含量高。与第二次土壤普查时的 0.62g/kg 相比，提高了 0.25 g/kg，增长速度缓慢。宁阳县土壤全氮含量等级分布及不同土壤类型土壤全氮含量分布如表 4-7、表 4-8 和表 4-9 所示。

表 4-7　　宁阳县土壤全氮含量等级分布表

分级标准(g/kg)	等级面积(hm^2)	占耕地面积比例(%)
>1.5	3.5	0.05
1.0～1.5	24787	35.41
0.5～1.0	41216	58.88
<0.5	3962	5.66
合计	70000	100

表 4-8　　粮田不同土壤类型土壤全氮含量分布表

土壤类型		平均数(g/kg)	样品数	<0.5		0.5~1.0		1.0~1.2		1.2~1.5		>1.5	
				样品数	占(%)	样品数	占(%)	样品数	占(%)	样品数	占(%)	样品数	占(%)
砂姜黑土	砂姜黑土	0.7	240	44	18.33	121	50.42	74	30.83	1	0.42	0	0
潮土	潮土	0.87	148	4	2.7	90	60.81	48	32.43	5	3.38	1	0.68
褐土	潮褐土	0.91	855	93	10.88	252	29.47	430	50.29	61	7.12	19	2.22
	淋溶褐土	0.94	177	5	2.82	62	35.03	102	57.63	7	3.96	1	0.56
棕壤	棕壤	0.9	400	24	6	134	33.5	232	58	8	2	2	0.5
	潮棕壤	0.99	216	3	1.39	42	19.44	160	74.08	9	4.16	2	0.93

表 4-9　　蔬菜地不同土壤类型土壤全氮含量分布表

土壤类型		平均数(g/kg)	样品数	<0.5		0.5~1.0		1.0~1.2		1.2~1.5		>1.5	
				样品数	占(%)	样品数	占(%)	样品数	占(%)	样品数	占(%)	样品数	占(%)
潮土	潮土	1.85	21	0	0	4	19.04	3	14.29	3	14.29	11	52.38
褐土	潮褐土	0.96	79	1	1.27	43	54.43	21	26.58	7	8.86	7	8.86
	淋溶褐土	0.85	36	0	0	26	72.22	6	16.67	3	8.33	1	2.78
棕壤	棕壤	0.87	51	0	0	29	56.86	20	39.22	2	3.92	0	0
	潮棕壤	0.82	5	0	0	3	60	2	40	0	0	0	0

（二）土壤碱解氮

2008 年，宁阳县共化验土壤碱解氮样品 2119 个，平均含量为 95mg/kg，其中粮田样品 1962 个、蔬菜地样品 157 个。根据土壤耕层养分化验数据统计，粮田土壤碱解氮平均含量为 91mg/kg，蔬菜地土壤碱解氮平均含量为 147mg/kg。全县耕地土壤碱解氮含量高于 90mg/kg 的面积占耕地总面积的 45.74%。从土壤类型分布看，潮土平均含量最高，其次为潮褐土、潮棕壤，淋溶褐土最低。全县近 50%的面积处于中等偏低水平。蔬菜地土壤碱解氮含量明显高于粮田土壤碱解氮含量。宁阳县土壤碱解氮含量等级分布及不同土壤类型土壤碱解氮含量分布如表 4-10、表 4-11 和表 4-12 所示。

表 4-10　　宁阳县土壤碱解氮含量等级分布表

分级标准(mg/kg)	等级面积(hm^2)	占耕地面积比例(%)
>150	1427	2.03
90~150	30597	43.71
60~90	30499	43.57
<60	7483	10.69
合计	70000	100

表 4-11　　粮田不同土壤类型土壤碱解氮含量分布表

土壤类型		平均数(mg/kg)	样品数	<45		45～90		90～120		120～150		>150	
				样品数	占(%)	样品数	占(%)	样品数	占(%)	样品数	占(%)	样品数	占(%)
砂姜黑土	砂姜黑土	90	242	12	4.96	142	58.68	67	27.68	9	3.72	12	4.96
潮土	潮土	105	148	3	2.03	58	39.19	67	45.27	13	8.78	7	4.73
褐土	潮褐土	94	853	54	6.33	417	48.89	281	32.94	57	6.68	44	5.16
	淋溶褐土	88	177	8	4.52	110	62.15	41	23.16	11	6.21	7	3.96
棕壤	棕壤	94	400	15	3.75	235	58.75	93	23.25	22	5.5	35	8.75
	潮棕壤	74	216	11	5.09	168	77.78	33	15.28	4	1.85	0	0

表 4-12　　蔬菜地不同土壤类型土壤碱解氮含量分布表

土壤类型		平均数(mg/kg)	样品数	<45		45～90		90～120		120～150		>150	
				样品数	占(%)	样品数	占(%)	样品数	占(%)	样品数	占(%)	样品数	占(%)
潮土	潮土	192	21	0	0	0	0	5	23.81	4	19.05	12	57.14
褐土	潮褐土	121	78	0	0	22	28.21	39	50	3	3.85	14	17.94
	淋溶褐土	168	36	0	0	4	11.11	5	13.89	6	16.67	21	58.33
棕壤	棕壤	159	51	1	1.96	4	7.84	15	29.41	8	15.69	23	45.10
	潮棕壤	163	5	0	0	0	0	3	60	0	0	2	40

2008 年，粮田土壤碱解氮含量与 1981 年第二次土壤普查和 1995 年土壤肥力检测结果相比有了较大的提高，比第二次土壤普查时的 56mg/kg 增加了 35mg/kg，比 1995 年的 89mg/kg 增加了 2mg/kg。从分析结果看全县土壤碱解氮含量，1995 年以前增长速度比较快且幅度大，1995 年后增幅较小。土壤碱解氮含量变化图如图 4-2 所示。

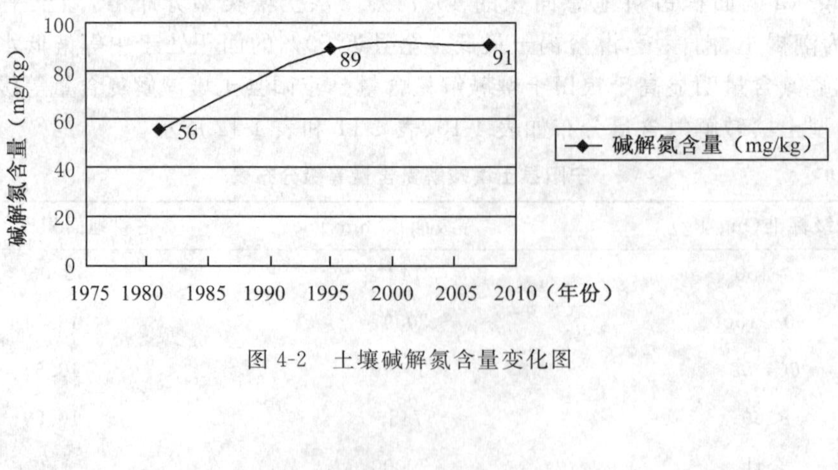

图 4-2　土壤碱解氮含量变化图

二、土壤速效磷

磷素是农作物必需的营养元素之一，是植物体内许多重要有机化合物的组成部分，对农作物早熟、高产、优质具有重要的作用。

2008 年，宁阳县共化验土壤速效磷样品 3503 个，平均含量为 50.2 mg/kg，其中粮田样品 3002 个、蔬菜地样品 501 个。根据土壤耕层养分化验数据统计，粮田土壤速效磷平均含量为 49.7mg/kg，蔬菜地土壤速效磷平均含量为 54.1mg/kg。全县耕地土壤速效磷含量丰富(＞30 mg/kg)的面积占耕地总面积的 85.21%。低于 20mg/kg 的面积仅占耕地总面积的 2.2%。但是含量变幅大、高低差别大。从土壤类型分布看，砂姜黑土速效磷含量最高，潮土速效磷含量最低。其中最高点和最低点都分布在砂姜黑土上。蔬菜地土壤速效磷含量高于粮田土壤速效磷含量。宁阳县土壤速效磷含量等级分布及不同土壤类型土壤速效磷含量分布如表 4-13、表 4-14 和表 4-15 所示。

表 4-13　　宁阳县土壤速效磷含量等级分布表

分级标准(mg/kg)	等级面积(hm^2)	占耕地面积比例(%)
＞120	56	0.08
80～120	7588	10.84
50～80	35168	50.24
30～50	16835	24.05
20～30	8813	12.59
＜20	1540	2.2
合计	70000	100

表 4-14　　粮田不同土壤类型土壤速效磷含量分布表

土壤类型		平均数(mg/kg)	样品数	10～20		20～30		30～80		80～120		＞120	
				样品数	占(%)	样品数	占(%)	样品数	占(%)	样品数	占(%)	样品数	占(%)
砂姜黑土	砂姜黑土	58.5	312	12	3.85	44	14.1	196	62.82	42	13.46	18	5.77
潮土	潮土	43.5	192	22	11.46	34	17.71	125	65.1	9	4.69	2	1.04
褐土	潮褐土	48.5	1255	117	9.32	160	12.75	842	67.09	118	9.4	18	1.44
	淋溶褐土	53.8	274	19	6.94	39	14.23	178	64.97	29	10.58	9	3.28
棕壤	棕壤	47.6	648	45	6.95	107	16.51	426	65.74	56	8.64	14	2.16
	潮棕壤	55.4	361	17	4.71	52	14.4	234	64.82	42	11.63	16	4.44

表 4-15 蔬菜地不同土壤类型土壤速效磷含量分布表

土壤类型		平均数 (mg/kg)	样品数	10～20		20～30		30～80		80～120		>120	
				样品数	占(%)	样品数	占(%)	样品数	占(%)	样品数	占(%)	样品数	占(%)
潮土	潮土	52.2	49	0	0	9	18.37	30	61.22	8	16.33	2	4.08
褐土	潮褐土	47.8	196	1	0.51	30	15.31	147	75	11	5.6	7	3.58
	淋溶褐土	60.7	73	0	0	8	10.96	48	65.75	10	13.7	7	9.59
棕壤	棕壤	61.9	120	2	1.67	16	13.33	62	51.67	26	21.66	14	11.67
	潮棕壤	48.9	7	0	0	1	14.29	5	71.42	1	14.29	0	0

2008 年，耕地土壤速效磷含量与 1981 年第二次土壤普查和 1995 年土壤肥力监测结果比较，上升速度快，幅度大。1981 年，第二次土壤普查时，全县速效磷平均含量为 7.2 mg/kg，全县普遍缺磷，其中极缺面积占总耕地面积的 50.35%。2008 年，比土壤普查时平均增加了 42.5mg/kg。随着磷肥施用面积的增加，土壤速效磷含量大幅提升。1995 年，全县速效磷平均含量为 15 mg/kg，比 1981 年第二次土壤普查时增加了 6.8mg/kg。2008 年比 1995 年全县平均增加了 34.7mg/kg。土壤速效磷含量上升速度快，但不平衡，没有规律性，速效磷含量高低完全取决于农民的施肥习惯。有施二铵习惯的农户的土壤速效磷含量高，反之则低。土壤速效磷含量变化如图 4-3 所示。

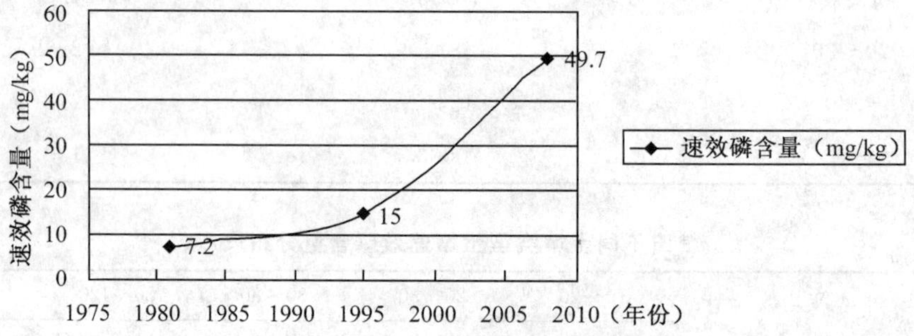

图 4-3 土壤速效磷含量变化图

三、土壤速效钾和缓效钾

钾在作物体内的主要作用是促进作物代谢和生长发育，促进作物对氮的吸收和蛋白质的合成，增强作物抗旱、抗寒、抗病和抗倒伏能力。

（一）土壤速效钾

2008 年，宁阳县共化验土壤速效钾样品 3503 个，平均含量为 132mg/kg，其中粮田样品 3002 个、蔬菜地样品 501 个。根据土壤耕层养分化验数据统计，粮田土壤速效钾平均含量为 130mg/kg。蔬菜地土壤速效钾含量平均为 145mg/kg。全县土壤速效钾含量较丰富（>120mg/kg）的面积占耕地总面积的 81.5%，总体水平较高。从土壤分布类型看，粮田土壤速效钾差别不大，大棚蔬菜中的淋溶褐土含量最高、潮棕壤含量最低。全县土壤速效钾含量等级分布及不同土壤类型速效钾含量分布如表4-16、表4-17和表4-18所示。

表4-16　　宁阳县土壤速效钾含量等级分布表

分级标准(mg/kg)	等级面积(hm^2)	占耕地面积比例(%)
＞300	63	0.09
150～300	5075	7.25
120～150	51912	74.16
100～120	12656	18.08
＜100	294	0.42
合计	70000	100

表4-17　　粮田不同土壤类型土壤速效钾含量分布表

土壤类型		平均数(mg/kg)	样品数	＜50		50～100		100～120		120～150		150～200		＞200	
				样品数	占(%)	样品数	占(%)	样品数	占(%)	样品数	占(%)	样品数	占(%)	样品数	占(%)
砂姜黑土	砂姜黑土	130	312	0	0	25	8.01	71	22.76	167	53.53	47	15.06	2	0.64
潮土	潮土	129	192	0	0	23	11.98	45	23.44	92	47.92	30	16.53	2	1.04
褐土	潮褐土	134	1255	2	0.16	125	9.96	216	17.21	631	50.28	267	21.27	14	1.12
	淋溶褐土	128	274	1	0.36	30	10.95	67	24.45	135	49.27	40	14.59	1	0.36
棕壤	棕壤	125	648	2	0.31	67	10.34	176	27.16	300	46.29	73	11.27	0	0
	潮棕壤	128	361	0	0	43	11.91	94	26.04	177	49.03	44	12.19	3	0.83

表4-18　　蔬菜地不同土壤类型土壤速效钾含量分布表

土壤类型		平均数(mg/kg)	样品数	＜50		50～100		100～120		120～150		150～200		＞200	
				样品数	占(%)	样品数	占(%)	样品数	占(%)	样品数	占(%)	样品数	占(%)	样品数	占(%)
潮土	潮土	159	49	0	0	5	10.2	7	14.29	14	28.57	14	28.57	9	18.37
褐土	潮褐土	120	197	2	1.02	72	36.55	49	24.87	37	18.78	26	13.2	11	5.58
	淋溶褐土	190	73	0	0	3	4.11	4	5.48	9	12.33	29	39.73	28	38.36
棕壤	棕壤	166	120	1	0.83	30	25	14	11.67	9	7.5	30	25	36	30
	潮棕壤	107	7	0	0	2	28.57	4	57.14	1	14.29	0	0	0	0

2008年，耕地土壤速效钾含量与1981年第二次土壤普查和1995年土壤肥力监测结果相比有了很大提高，比第二次土壤普查时的平均含量86mg/kg增加了44mg/kg，比1995

年的 62mg/kg 增加了 68mg/kg。其中 1995 年比第二次土壤普查时降低了 24mg/kg。主要原因是前几十年不重视钾肥的施用,随着近十几年来秸秆还田面积的逐步增加,施用配方肥和复合肥的面积越来越大,土壤速效钾含量越来越高。土壤速效钾含量变化如图 4-4 所示。

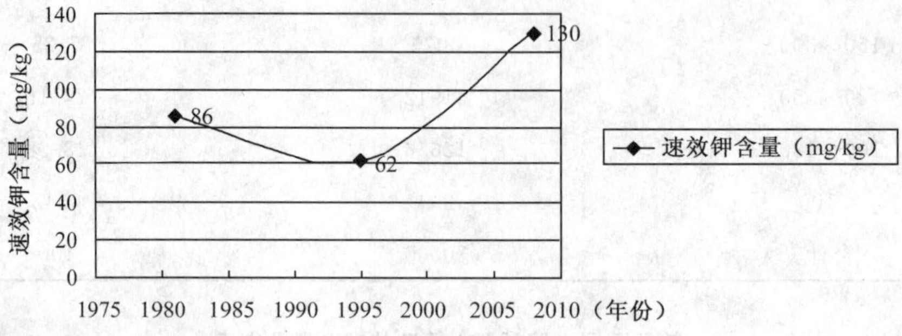

图 4-4 土壤速效钾含量变化图

（二）土壤缓效钾

2008 年,宁阳县共化验土壤缓效钾样品 2126 个,平均含量为 521 mg/kg,其中粮田样品 1982 个、蔬菜地样品 144 个。根据土壤耕层养分化验数据统计,粮田土壤缓效钾平均含量为 523mg/kg,蔬菜地土壤缓效钾平均含量为 494mg/kg。全县土壤缓效钾含量较丰富(>900mg/kg)的面积仅占耕地总面积的 0.09 %。土壤缓效钾含量为 500～900 mg/kg 的占耕地总面积的 60.59%。从土壤类型分布看,土壤缓效钾含量差别不大,蔬菜地低于粮田含量,全县的土壤缓效钾含量偏低。宁阳县土壤缓效钾含量等级分布及不同土壤类型土壤缓效钾含量分布如表 4-19、表 4-20 和表 4-21 所示。

表 4-19 宁阳县土壤缓效钾含量等级分布表

分级标准(mg/kg)	等级面积(hm^2)	占耕地面积比例(%)
>1200	0	0
900～1200	63	0.09
500～900	42413	60.59
<500	27524	39.32
合计	70000	100

表 4-20 粮田不同土壤类型土壤缓效钾含量分布表

土壤类型		平均数(mg/kg)	样品数	<500		500～750		750～900		>900	
				样品数	占(%)	样品数	占(%)	样品数	占(%)	样品数	占(%)
砂姜黑土	砂姜黑土	509	241	111	46.06	116	48.13	13	5.4	1	0.41
潮土	潮土	490	148	82	55.41	61	41.22	4	2.70	1	0.67

续表

土壤类型		平均数(mg/kg)	样品数	<500		500～750		750～900		>900	
				样品数	占(%)	样品数	占(%)	样品数	占(%)	样品数	占(%)
褐土	潮褐土	544	854	348	40.75	448	52.46	28	3.28	30	3.51
	淋溶褐土	498	177	91	51.41	82	46.33	2	1.13	2	1.13
棕壤	棕壤	531	400	171	42.75	207	51.75	16	4	6	1.5
	潮棕壤	493	215	107	49.77	107	49.77	1	0.46	0	0

表 4-21　　蔬菜地不同土壤类型土壤缓效钾含量分布表

土壤类型		平均数(mg/kg)	样品数	<500		500～750		750～900		>900	
				样品数	占(%)	样品数	占(%)	样品数	占(%)	样品数	占(%)
潮土	潮土	387	21	19	90.48	1	4.76	1	4.76	0	0
褐土	潮褐土	510	79	43	54.43	27	34.18	6	7.59	3	3.8
	淋溶褐土	429	36	28	77.78	6	16.67	2	5.55	0	0
棕壤	棕壤	487	51	29	56.86	15	29.41	7	13.73	0	0
	潮棕壤	653	5	0	0	3	60	2	40	0	0

第三节　土壤中量元素

中量元素是作物生长过程中需要量次于氮、磷、钾而高于微量元素的营养元素，通常指钙、镁、硫三种元素。

一、土壤交换性钙

钙是构成细胞壁的重要元素，大部分钙在作物体内以果胶酸钙的形态存在。2008年，宁阳县共化验耕层土壤交换性钙样品 505 个，平均含量为 2451.62mg/kg。根据土壤耕层养分化验数据统计，全县土壤交换性钙含量高于 3000 mg/kg 的面积占总耕地面积的 5.64%，低于 2000mg/kg 的面积占耕地总面积的 5.43%，含量在 2000～3000mg/kg 的面积占耕地总面积的 88.93%。从土壤类型分布看，淋溶褐土含量最高，潮褐土次之，潮棕壤含量最低。宁阳县土壤交换性钙含量等级分布及不同土壤类型土壤交换性钙含量分布如表 4-22 和表 4-23 所示。

表 4-22　　宁阳县土壤交换性钙含量等级分布表

分级标准(mg/kg)	耕地面积(hm^2)	占耕地面积比例(%)
>6000	0	0
4000～6000	119	0.17

续表

分级标准(mg/kg)	耕地面积(hm²)	占耕地面积比例(%)
3000～4000	3829	5.47
2500～3000	19544	27.92
2000～2500	42707	61.01
1500～2000	3633	5.19
<1500	168	0.24
合　计	70000	100

表 4-23　　不同土壤类型土壤交换性钙含量分布表

土壤类型		平均数(mg/kg)	样品数	<1500		1500～2000		2000～2500		2500～3000		3000～4000		4000～6000		>6000	
				样品数	占(%)	样品数	占(%)	样品数	占(%)	样品数	占(%)	样品数	占(%)	样品数	占(%)	样品数	占(%)
砂姜黑土	砂姜黑土	2399.43	77	5	6.49	16	20.78	23	29.87	20	25.97	13	16.88	0	0	0	0
潮土	潮土	2444.91	32	2	6.25	6	18.75	8	25	9	28.13	7	21.88	0	0	0	0
褐土	潮褐土	2475.23	225	23	10.22	47	20.89	53	23.56	55	24.44	36	16	10	4.44	1	0.44
	淋溶褐土	2577.35	29	1	3.45	4	13.79	8	27.59	9	31.03	6	20.69	1	3.45	0	0
棕壤	棕壤	2440.53	94	5	5.32	24	25.53	29	30.85	18	19.15	15	15.96	3	3.19	0	0
	潮棕壤	2374.96	48	7	14.58	4	8.33	18	37.5	12	25	6	12.5	1	2.08	0	0

二、土壤交换性镁

镁是叶绿素的组成成分，缺乏镁时，叶绿素就不能合成。镁也是许多重要酶的活化剂，能促进作物体内的新陈代谢。

2008 年，宁阳县共化验耕层土壤交换性镁样品 505 个，平均含量为 303.22mg/kg。根据土壤耕层养分化验数据统计，全县土壤交换性镁含量高于 400mg/kg 的面积占总耕地面积的 3.67%，低于 250mg/kg 的面积占耕地总面积的 9.41%，含量在 250～400mg/kg 的面积占耕地总面积的 86.81%。从土壤类型分布看，棕壤含量最高，潮褐土次之，淋溶褐土含量最低。宁阳县土壤交换镁含量等级分布及不同土壤类型土壤交换性镁含量分布如表 4-24 和表 4-25 所示。

表 4-24　　宁阳县土壤交换性镁含量等级分布表

分级标准(mg/kg)	耕地面积(hm²)	占耕地面积比例(%)
>600	0	0
400～600	2632	3.76

续表

分级标准(mg/kg)	耕地面积(hm^2)	占耕地面积比例(%)
300～400	37814	54.02
250～300	22953	32.79
200～250	6314	9.02
<200	287	0.41
合 计	70000	100

表 4-25 不同土壤类型土壤交换性镁含量分布表

土壤类型		平均数(mg/kg)	样品数	<200		200～250		250～300		300～400		400～600		>600	
				样品数	占(%)	样品数	占(%)	样品数	占(%)	样品数	占(%)	样品数	占(%)	样品数	占(%)
砂姜黑土	砂姜黑土	308.14	77	7	9.09	12	15.58	17	22.08	35	45.45	5	6.49	1	1.30
潮土	潮土	312.97	32	2	6.25	5	15.63	5	15.63	18	56.25	2	6.25	0	0
褐土	潮褐土	290.51	225	23	10.22	56	24.89	55	24.44	70	31.11	20	8.89	1	0.44
	淋溶褐土	278.69	29	7	24.14	4	13.79	6	20.69	8	27.59	4	13.79	0	0
棕壤	棕壤	336.4	94	6	6.38	10	10.64	20	21.28	41	43.62	17	18.09	0	0
	潮棕壤	298.29	48	6	12.5	9	18.75	9	18.75	20	41.67	4	8.33	0	0

三、土壤有效硫

作物体内含硫量与磷接近，为干物质重的 0.2%～1.1%。硫不仅是蛋白质的组成元素，还是许多生理活性物质的成分，能促进叶绿素的形成。

2008 年，宁阳县共化验耕层土壤有效硫样品 505 个，平均含量为 45.94mg/kg。根据土壤耕层养分化验数据统计，全县土壤有效硫含量高于 60mg/kg 的面积占总耕地面积的 8.3%，低于 45mg/kg 的面积占耕地总面积的 39.44%，含量在 45～60mg/kg 的面积占耕地总面积的 52.26%。从土壤类型分布看，潮土含量最高，砂姜黑土次之，潮褐土含量最低。宁阳县土壤有效硫含量等级分布及不同土壤类型土壤有效硫含量分布如表 4-26 和表 4-27 所示。

表 4-26 宁阳县土壤有效硫含量等级分布表

分级标准(mg/kg)	耕地面积(hm^2)	占耕地面积比例(%)
>100	0	0
75～100	651	0.93
60～75	5159	7.37

续表

分级标准(mg/kg)	耕地面积(hm^2)	占耕地面积比例(%)
45～60	36582	52.26
30～45	22736	32.48
15～30	4844	6.92
＜15	28	0.04
合　计	70000	100

表 4-27　　不同土壤类型土壤有效硫含量分布表

土壤类型		平均数(mg/kg)	样品数	＜15		15～30		30～45		45～60		60～75		75～100		＞100	
				样品数	占(%)	样品数	占(%)	样品数	占(%)	样品数	占(%)	样品数	占(%)	样品数	占(%)	样品数	占(%)
砂姜黑土	砂姜黑土	48.92	77	3	3.9	15	19.48	20	25.97	21	27.27	8	10.39	7	9.09	3	3.9
潮土	潮土	49.65	32	1	3.13	7	21.88	12	37.5	3	9.38	3	9.38	4	12.5	2	6.25
褐土	潮褐土	43.8	225	12	5.33	60	26.67	46	20.44	62	27.56	26	11.56	17	7.56	2	0.89
	淋溶褐土	45.17	29	1	3.45	5	17.24	10	34.48	7	24.14	4	13.79	2	6.9	0	0
棕壤	棕壤	46.17	94	5	5.32	22	23.4	23	24.47	18	19.15	12	12.77	14	14.89	0	0
	潮棕壤	48.71	48	1	2.08	11	22.92	13	27.08	8	16.67	7	14.58	6	12.5	2	4.17

第四节　土壤微量元素

微量元素在作物体内含量虽少，但在植物营养中的作用是同等重要和不可代替的。如果缺少了任何一种微量元素，都会影响植物正常生长和产量，严重缺乏时，植物不能正常生长，甚至死亡。

一、土壤有效锰

2008 年，宁阳县共化验土壤有效锰样品 2124 个，平均含量为 21.19mg/kg，其中粮田土壤样品 1980 个、蔬菜地样品 144 个。根据土壤耕层养分化验数据统计，粮田土壤有效锰平均含量为 20.31mg/kg，蔬菜地土壤有效锰平均含量为 19.03mg/kg。全县土壤有效锰含量丰富(＞30mg/kg)的面积仅占耕地总面积的 2.25%，中等含量(15～30mg/kg)的面积最大，占 83.45%。从土壤类型分布看，粮田土壤有效锰含量差别不大，蔬菜地土壤有效锰含量中潮土最高，潮棕壤最低，并且含量差别大、不均匀。宁阳县土壤有效锰含量等级分布及不同土壤类型土壤有效锰含量分布如表 4-28、表 4-29 和表 4-30 所示。

表 4-28　　宁阳县土壤有效锰含量等级分布表

分级标准(mg/kg)	等级面积(hm^2)	占耕地面积比例(%)
＞30	1575	2.25
15～30	58415	83.45
＜15	10010	14.3
合　计	70000	100

表 4-29　　粮田不同土壤类型土壤有效锰含量分布表

土壤类型		平均数(mg/kg)	样品数	＜1		1～5		5～15		15～30		＞30	
				样品数	占(%)	样品数	占(%)	样品数	占(%)	样品数	占(%)	样品数	占(%)
砂姜黑土	砂姜黑土	19.48	241	0	0	0	0	63	26.14	159	65.98	19	7.88
潮土	潮土	17.8	148	0	0	0	0	52	35.13	88	59.46	8	5.41
褐土	潮褐土	20.95	855	0	0	0	0	93	10.88	698	81.64	64	7.48
	淋溶褐土	19.72	177	0	0	1	0.56	52	29.38	120	67.8	4	2.26
棕壤	棕壤	19.93	400	0	0	0	0	63	15.75	322	80.5	15	3.75
	潮棕壤	20.94	215	0	0	0	0	32	14.88	166	77.21	17	7.91

表 4-30　　蔬菜地不同土壤类型土壤有效锰含量分布表

土壤类型		平均数(mg/kg)	样品数	＜1		1～5		5～15		15～30		＞30	
				样品数	占(%)	样品数	占(%)	样品数	占(%)	样品数	占(%)	样品数	占(%)
潮土	潮土	22.56	21	0	0	0	0	3	14.29	15	71.42	3	14.29
褐土	潮褐土	18.87	79	0	0	0	0	33	41.77	40	50.63	6	7.6
	淋溶褐土	18.43	36	0	0	0	0	7	19.44	29	80.56	0	0
棕壤	棕壤	19.91	51	0	0	0	0	12	23.53	34	66.67	5	9.8
	潮棕壤	9.96	5	0	0	0	0	5	100	0	0	0	0

二、土壤有效铁

2008 年，宁阳县共化验土壤有效铁样品 2124 个，平均含量为 14.5mg/kg，其中粮田土壤样品 1980 个、蔬菜地样品 144 个。根据土壤耕层养分化验数据统计，粮田土壤有效铁平均含量为 14.62mg/kg，蔬菜地土壤有效铁平均含量为 13.41mg/kg。全县土壤有效铁含量较丰富(＞10mg/kg)的面积占耕地总面积的 88.4%，粮田、蔬菜地及其不同的土壤类型的土壤有效铁的含量均差别不大。宁阳县土壤有效铁含量等级分布及不同土壤类型土壤有效铁含量分布如表 4-31、表 4-32 和表 4-33 所示。

表 4-31　　宁阳县土壤有效铁含量分布表

分级标准(mg/kg)	等级面积(hm^2)	占耕地面积比例(%)
>20	8694	12.42
10～20	53186	75.98
4.5～10	8057	11.51
<4.5	63	0.09
合　计	70000	100

表 4-32　　粮田不同土壤类型土壤有效铁含量分布表

土壤类型		平均数(mg/kg)	样品数	<2.5		2.5～4.5		4.5～10		10～20		>20	
				样品数	占(%)	样品数	占(%)	样品数	占(%)	样品数	占(%)	样品数	占(%)
砂姜黑土	砂姜黑土	15.73	241	0	0	1	0.41	65	26.97	118	48.96	57	23.65
潮土	潮土	12.61	148	0	0	0	0	67	45.27	69	46.62	12	8.11
褐土	潮褐土	13.63	855	5	0.58	9	1.05	282	32.98	425	49.71	134	15.67
	淋溶褐土	15.23	177	1	0.56	1	0.56	55	31.07	67	37.85	53	29.94
棕壤	棕壤	14.36	400	0	0	8	2	79	19.75	240	60	73	18.25
	潮棕壤	19.76	215	0	0	1	0.47	35	16.28	112	52.09	67	31.16

表 4-33　　蔬菜地不同土壤类型土壤有效铁含量分布表

土壤类型		平均数(mg/kg)	样品数	<2.5		2.5～4.5		4.5～10		10～20		>20	
				样品数	占(%)	样品数	占(%)	样品数	占(%)	样品数	占(%)	样品数	占(%)
潮土	潮土	11.89	21	0	0	0	0	7	33.33	14	66.67	0	0
褐土	潮褐土	13.45	79	0	0	0	0	15	18.99	61	77.21	3	3.80
	淋溶褐土	13.35	36	0	0	0	0	7	19.44	25	69.45	4	11.11
棕壤	棕壤	12.95	51	0	0	0	0	11	21.57	38	74.51	2	3.92
	潮棕壤	18.8	5	0	0	0	0	0	0	4	80	1	20

三、土壤有效铜

2008 年，宁阳县共化验土壤有效铜样品 2124 个，平均含量为 0.96 mg/kg，其中粮田土壤样品 1980 个、蔬菜地样品 144 个。根据土壤耕层养分化验数据统计，粮田土壤有效铜平均含量为 0.95mg/kg，蔬菜地土壤有效铜平均含量为 0.99mg/kg。全县土壤有效铜含量较丰富(>1mg/kg)的面积占耕地总面积的 45.68%。从土壤类型分布看，粮田土壤有效铜含量差别不大，但大棚蔬菜土壤有效铜含量中，棕壤最高，平均为 2.26mg/kg，潮土最低，平均为 0.88mg/kg。宁阳县土壤有效铜含量等级分布及不同土壤类型土壤有效铜含量分布如表 4-34、表 4-35 和表 4-36 所示。

表 4-34 宁阳县土壤有效铜含量等级分布表

分级标准(mg/kg)	等级面积(hm²)	占耕地面积比例(%)
>1.8	875	1.25
1.0～1.8	31101	44.43
0.2～1.0	38017	54.31
<0.2	7	0.01
合 计	70000	100

表 4-35 粮田不同土壤类型土壤有效铜含量分布表

土壤类型		平均数(mg/kg)	样品数	<0.1		0.1～0.2		0.2～1.0		1.0～1.8		>1.8	
				样品数	占(%)	样品数	占(%)	样品数	占(%)	样品数	占(%)	样品数	占(%)
砂姜黑土	砂姜黑土	0.88	241	1	0.41	0	0	170	70.54	63	26.14	7	2.91
潮土	潮土	0.93	148	0	0	0	0	104	70.27	33	22.3	11	7.43
褐土	潮褐土	1	855	1	0.12	9	1.05	510	59.65	286	33.45	49	5.73
	淋溶褐土	1.03	177	1	0.56	0	0	112	63.28	45	25.42	19	10.74
棕壤	棕壤	0.94	400	0	0	3	0.75	242	60.5	140	35	15	3.75
	潮棕壤	0.98	215	1	0.47	4	1.86	121	56.28	79	36.74	10	4.65

表 4-36 蔬菜地不同土壤类型土壤有效铜含量分布表

土壤类型		平均数(mg/kg)	样品数	<0.1		0.1～0.2		0.2～1.0		1.0～1.8		>1.8	
				样品数	占(%)	样品数	占(%)	样品数	占(%)	样品数	占(%)	样品数	占(%)
潮土	潮土	0.88	21	0	0	0	0	12	57.14	9	42.86	0	0
褐土	潮褐土	1.12	79	0	0	1	1.27	41	51.9	30	37.97	7	8.86
	淋溶褐土	0.96	36	0	0	0	0	30	83.33	2	5.56	4	11.11
棕壤	棕壤	2.26	51	0	0	0	0	41	80.39	7	13.73	3	5.88
	潮棕壤	1.46	5	0	0	0	0	1	20	2	40	2	40

四、土壤有效锌

2008 年，宁阳县共化验土壤有效锌样品 2123 个，平均含量为 0.85 mg/kg，其中粮田土壤样品 1979 个、蔬菜地样品 144 个。根据土壤耕层养分化验数据统计，粮田土壤有效锌平均含量为 0.86mg/kg，蔬菜地土壤有效锌平均含量为 0.77mg/kg。全县土壤有效锌含量偏低(<1mg/kg)的面积占耕地总面积的 79.66%。粮田土壤有效锌含量略高于蔬菜地。从土壤类型分布看，粮田土壤有效锌含量差别不大。蔬菜地土壤有效锌含量中，潮棕壤明显高于其他土类。从总体看，全县土壤有效锌含量偏低，大部分耕地土壤缺锌严重。宁阳县土壤有效锌含量等级分布及不同土壤类型土壤有效锌含量分布如表 4-37、表 4-38 和表 4-39 所示。

表 4-37 宁阳县土壤有效锌含量等级分布表

分级标准(mg/kg)	等级面积(hm²)	占耕地面积比例(%)
>3.0	70	0.1
1.0～3.0	14168	20.24
0.5～1.0	52409	74.87
<0.5	3353	4.79
合　计	70000	100

表 4-38 粮田不同土壤类型土壤有效锌含量分布表

土壤类型		平均数(mg/kg)	样品数	<0.3		0.3～0.5		0.5～1.0		1.0～3.0		>3.0	
				样品数	占(%)	样品数	占(%)	样品数	占(%)	样品数	占(%)	样品数	占(%)
砂姜黑土	砂姜黑土	0.83	240	7	2.92	21	8.75	153	63.75	59	24.58	0	0
潮土	潮土	0.87	148	10	6.76	19	12.84	82	55.41	36	24.32	1	0.68
褐土	潮褐土	0.94	855	31	3.63	76	8.89	500	58.48	242	28.31	6	0.70
	淋溶褐土	0.78	177	7	3.95	48	27.12	94	53.11	27	15.26	1	0.56
棕壤	棕壤	0.89	400	35	8.75	37	9.25	206	51.5	121	30.25	1	0.25
	潮棕壤	0.8	215	18	8.37	32	14.88	118	54.88	47	21.86	0	0

表 4-39 蔬菜地不同土壤类型土壤有效锌含量分布表

土壤类型		平均数(mg/kg)	样品数	<0.3		0.3～0.5		0.5～1.0		1.0～3.0		>3.0	
				样品数	占(%)	样品数	占(%)	样品数	占(%)	样品数	占(%)	样品数	占(%)
潮土	潮土	0.8	21	2	9.52	3	14.29	10	47.62	4	19.05	2	9.52
褐土	潮褐土	0.67	76	0	0	14	18.42	56	73.68	6	7.89	0	0
	淋溶褐土	0.77	36	2	5.56	8	22.22	19	52.78	7	19.44	0	0
棕壤	棕壤	0.84	51	4	7.84	5	9.8	29	56.86	13	25.49	0	0
	潮棕壤	1.03	5	0	0	0	0	3	60	2	40	0	0

五、土壤有效硼

2008 年，宁阳县共化验土壤有效硼样品 2103 个，平均含量为 0.3 mg/kg，其中粮田土壤样品 1959 个、蔬菜地样品 144 个。根据土壤耕层养分化验数据统计，粮田土壤有效硼平均含量为 0.3mg/kg，蔬菜地土壤有效硼平均含量为 0.31mg/kg。全县土壤有效硼含量偏低(<0.5mg/kg)的面积占耕地总面积的 97.46%。粮田和蔬菜地土壤有效硼含量差别很小，并且从土壤类型分布看也没有差别。全县的耕地土壤普遍缺硼，严重缺硼的面积占总面积的 9.88%。土壤有效硼已是制约宁阳县作物产量的重要因素之一。宁阳

县土壤有效硼含量等级分布及不同土壤类型土壤有效硼含量分布如表 4-40、表 4-41 和表 4-42 所示。

表 4-40　宁阳县土壤有效硼含量分布表

分级标准(mg/kg)	等级面积(hm^2)	占耕地面积比例(%)
>2.0	0	0
0.5～2.0	1778	2.54
0.2～0.5	61306	87.58
<0.2	6916	9.88
合　计	70000	100

表 4-41　粮田不同土壤类型土壤有效硼含量分布表

土壤类型		平均数(mg/kg)	样品数	<0.2		0.2～0.5		0.5～1.0		1.0～2.0		>2.0	
				样品数	占(%)	样品数	占(%)	样品数	占(%)	样品数	占(%)	样品数	占(%)
砂姜黑土	砂姜黑土	0.32	239	32	13.39	191	79.92	16	6.69	0	0	0	0
潮土	潮土	0.26	148	50	33.78	90	60.81	8	5.41	0	0	0	0
褐土	潮褐土	0.31	849	206	24.26	555	65.37	79	9.31	9	1.06	0	0
	淋溶褐土	0.26	149	46	30.87	94	63.09	9	6.04	0	0	0	0
棕壤	棕壤	0.28	400	97	24.25	292	73	10	2.5	1	0.25	0	0
	潮棕壤	0.33	215	32	14.88	168	78.14	14	6.51	1	0.47	0	0

表 4-42　蔬菜地不同土壤类型土壤有效硼含量分布表

土壤类型		平均数(mg/kg)	样品数	<0.2		0.2～0.5		0.5～1.0		1.0～2.0		>2.0	
				样品数	占(%)	样品数	占(%)	样品数	占(%)	样品数	占(%)	样品数	占(%)
潮土	潮土	0.34	21	3	14.29	15	71.42	3	14.29	0	0	0	0
褐土	潮褐土	0.3	76	12	15.79	58	76.32	6	7.89	0	0	0	0
	淋溶褐土	0.29	35	5	14.29	28	80	2	5.71	0	0	0	0
棕壤	棕壤	0.35	51	8	15.68	34	66.67	9	17.65	0	0	0	0
	潮棕壤	0.33	5	1	20	4	80	0	0	0	0	0	0

六、土壤有效钼

钼是作物体内含量最少的元素，是固氮酶、硝酸还原酶的组成成分，能促进豆科作物进行固氮和氮的代谢及光合作用，能减少铁(铝)毒害，促进无机磷转化为有机磷。

2008 年，宁阳县共化验土壤有效钼样品 505 个，平均含量为 0.16mg/kg。根据土壤耕层养分化验数据统计，全县土壤有效钼含量高于0.2mg/kg的面积占耕地总面积的8.13%，低于0.15mg/kg的面积占耕地总面积的25.74%，含量在0.15～0.2mg/kg的面积占耕地总面积的66.13%。从土壤类型分布看，差别不大。宁阳县土壤有效钼含量等级分布及不同土壤类型土壤有效钼含量分布如表4-43和表4-44所示。

表4-43 宁阳县土壤有效钼含量等级分布表

分级标准(mg/kg)	耕地面积(hm²)	占耕地面积比例(%)
>0.3	0	0
0.2～0.3	5691	8.13
0.15～0.2	46291	66.13
0.1～0.15	17990	25.7
<0.1	28	0.04
合　计	70000	100

表4-44 不同土壤类型土壤有效钼含量分布表

土壤类型		平均数(mg/kg)	样品数	<0.1		0.1～0.15		0.15～0.2		0.2～0.3		>0.3	
				样品数	占(%)	样品数	占(%)	样品数	占(%)	样品数	占(%)	样品数	占(%)
砂姜黑土	砂姜黑土	0.17	77	2	2.6	27	35.06	29	37.66	17	22.08	2	2.6
潮土	潮土	0.16	32	2	6.25	15	46.88	12	37.5	3	9.38	0	0
褐土	潮褐土	0.16	225	9	4	102	45.33	80	35.56	32	14.22	2	0.89
	淋溶褐土	0.16	29	2	6.9	11	37.93	10	34.48	6	20.69	0	0
棕壤	棕壤	0.16	94	2	2.13	51	54.26	26	27.66	14	14.89	1	1.06
	潮棕壤	0.16	48	1	2.08	25	52.08	12	25	10	20.83	0	0

第五节　土壤主要物理性状

一、土壤质地

宁阳县土壤的成土母质为坡积洪积物、洪积物、洪积冲积物、冲积物和浅湖沼相沉积物。土壤质地受成土母岩和成土母质的影响，发育在酸性母岩成土母质上的土壤质地偏砂，而发育在钙质母岩成土母质上的土壤质地偏黏。土壤质地还与地理部位有关，无论由东至西，还是由北至南，土壤质地都是由砂到黏。土壤质地除少部分为砂土外，绝大部分为沙壤土、轻壤土和中壤土。其中轻壤土占可利用面积的47.6%，中壤土占可利用面积的20.9%，沙壤土占可利用面积的23%，粗砂土、壤质土、紧砂土占可利用面积的8.4%。粗砂土主要分布于葛石镇山丘区的山坡上，这类耕地坡度大、土层薄、石头多，且无水浇条件。壤质土主要分布于鹤山乡、华丰镇、东庄乡的山区坡地上，含砾石较多，不利于作物生长。紧砂土主要分布于沿汶河南岸的狭长地带上，表层土壤质地砂性大，漏肥、漏水。沙壤土土壤疏松，易于耕作，保肥、保水性能差，作物产量低，主要分布于华丰镇、东庄乡南部的丘陵地带上，葛石镇、东疏镇、鹤山乡也有零星分布，适宜种植花生、地瓜及瓜果等。除乡饮乡外，其余十一个乡镇均分布有轻壤土，这类土壤是农业生产上较为理想的土壤质地，耕性和生产性能良好，适宜种植各种作物。中壤土主要分布于乡饮乡、宁阳镇及鹤山乡以砂姜黑土为主的土壤上，这类耕地质地黏重，易涝、易旱，耕性较差，适耕期短。

二、土体构型

土壤不同的质地层次构造称为"土体构型"。表层质地和土体构型对土壤的生产性能起着决定性的作用。土壤耕层质地的粗细影响着土壤养分含量的高低，而土体构型是耕层养分含量保存能力的决定因素。黏化层是保水、保肥的最好层次，但若出现部位浅，则易引起季节性的滞涝，影响根系的发育。比较理想的部位为60～80cm，既能起到保水、保肥的作用，又能保证根系的正常发育。根据宁阳县土体构型情况，并综合土壤表层质地，可分为16种类型(见表4-45)。

表4-45　　表层质地及土体构型表

表层质地	构型代号		土体构型	占可利用面积(%)
粗砂土	Ⅰ		极薄层粗砂土	3.29
壤质土	Ⅱ		薄层壤质土	1.15
紧砂土	Ⅲ	Ⅲ1	均质紧砂土	3.73
		Ⅲ2	中位加黏紧砂土	0.26
沙壤土	Ⅳ	Ⅳ1	均质沙壤土	2.47
		Ⅳ2	浅位厚层夹黏沙壤土	8.78
		Ⅳ3	中位厚层夹黏沙壤土	0.47
		Ⅳ4	浅位厚层夹砂沙壤土	0.58
		Ⅳ5	中位厚层夹砂沙壤土	0.72
		Ⅳ6	中层沙壤土	9.99
轻壤土	Ⅴ	Ⅴ1	均质轻壤土	17.36
		Ⅴ2	浅位厚层夹黏轻壤土	23.46
		Ⅴ3	中位厚层夹黏轻壤土	4.94
		Ⅴ4	中层轻壤土	1.85
中壤土	Ⅵ	Ⅵ1	浅位厚层夹黏中壤土	20.25
		Ⅵ2	中位厚层夹黏中壤土	0.7
合　计				100

三、土壤容重

土壤容重是指土壤结构在未被破坏的自然状态下单位体积的干土重，一般以 g/cm^3 表示。土壤容重的大小与土壤结构（土粒排列方式）、土壤质地的有机质含量和灌溉耕作等密切相关。有机质含量高的，容重小，反之则容重大；疏松土壤容重小，紧实土壤容重大。因此，土壤容重是伴随着某些农事操作，如灌溉、施肥、耕作等措施的不同而经常变化的。可以根据容重的大小来判断土壤的孔隙状况和松紧状况，以及结构和质地的状况。宁阳县共测土壤容重 62 个，平均为 1.4g/cm^3。从土壤类型分布看，砂姜黑土容重最高，平均为 1.54g/cm^3，其次为棕壤土类棕壤亚类，平均为 1.48 g/cm^3，褐土土类的潮褐土亚类容重最小，平均为 1.29 g/cm^3。全县土壤容重偏大，且土壤紧实。宁阳县不同土壤类型容重含量分布如表 4-46 所示。

表 4-46　全县不同土壤类型容重含量分布表

土壤类型	个数	容重平均值（g/cm^3）
潮褐土	25	1.29
淋溶褐土	6	1.44
棕壤	12	1.48
潮棕壤	8	1.46
潮土	2	1.36
砂姜黑土	9	1.54
总　计	62	1.4

总的来看，宁阳县耕地多数土层深厚，土质均匀，土体构造较好，少数耕地土壤 pH 值下降，容重偏大。总体养分含量受地理位置和人为耕作条件的影响而有差异，地理位置越高，养分含量越低，反之越高。生产水平越高，养分含量也越高，各养分含量的比例也越协调。2008 年，全县耕地土壤养分含量与第二次土壤普查时相比有了较大的提高，但是土壤主要养分含量状况还比较差，微量元素含量较低，特别是土壤有效硼含量缺乏面积大，全县耕地土壤培肥改良利用面积大，非改良区面积仅占耕地面积的 2.62%。今后必须根据这次测试结果对全县的肥料施用作统一规划，真正做到配方施肥、降低成本、增加效益。

第五章 耕地地力评价

耕地是土地的精华，是农业生产中不可替代的重要生产资料，是保持社会和国民经济可持续发展的重要资源，保护耕地是我国的基本国策之一。因此，及时掌握耕地资源的数量、质量及其变化对于合理规划和利用耕地、切实保护耕地有十分重要的意义。在全面的野外调查和室内化验分析、获取大量耕地地力相关信息的基础上，进行了宁阳县耕地地力的综合评价。评价结果对于摸清全县耕地地力的现状及问题，为耕地资源的高效和可持续利用提供了重要的科学依据。

第一节 评价的原则、依据及流程

一、评价的原则、依据

(一)原则

耕地地力就是耕地的生产能力，是在一定区域内一定的土壤类型上，耕地的土壤理化性状、所处自然环境条件、农田基础设施及耕作施肥管理水平等因素的总和。根据评价的目的要求，在宁阳县耕地地力评价中，遵循的基本原则有以下几方面：

1. 综合因素研究与主导因素分析相结合的原则

土地是一个自然经济综合体，是人们利用的对象，对土地质量的鉴定涉及到自然和社会多个方面，耕地地力也是各类要素的综合体现。所谓"综合因素研究"，是指对地形地貌、土壤理化性状、相关社会经济因素等总体进行全面的研究、分析与评价，以全面了解耕地地力状况。主导因素是指对耕地地力起决定作用的、相对稳定的因子，在评价中要着重对其进行研究分析。因此，把综合因素与主导因素结合起来进行评价，可以对耕地地力作出科学准确的评定。

2. 共性评价与专题研究相结合的原则

宁阳县耕地利用存在菜地、农田等多种类型，土壤理化性状、环境条件、管理水平等不一，因此，耕地地力水平有较大的差异。考虑县域内耕地地力的系统性、可比性，针对不同的耕地利用等状况，应选用统一的、共同的评价指标和标准，即耕地地力的评价不针对某一特定的利用类型。另外，为了了解不同利用类型的耕地地力状况及其内部的差异情况，要对有代表性的主要类型，如蔬菜地等进行专题的深入研究。这样，共性评价与专题研究相结合，使整个的评价和研究具有更大的应用价值。

3. 定量和定性相结合的原则

土地系统是一个复杂的灰色系统，定量和定性要素共存，且相互作用、相互影响。因此，为了保证评价结果的客观合理，宜采用定量和定性评价相结合的方法。在总体上，为了保证评价结果的客观合理，尽量采用定量评价方法，对可定量化的评价因子，如有机质等养分含量、土层厚度等按其数值参与计算，对非数量化的定性因子，如土壤表层质地、土体构型等则进行量化处理，确定其相应的指数，并建立评价数据库，以计算机进行运算和处理，尽量避免人为随意性因素的影响。在评价因素筛选、权重确定、评价标准确定、等级确定等评价过程中，尽量采用定量化的数学模型。在此基础上，还要充分运用人工智能和专家知识，对评价的中间过程和评价结果进行必要的定性调整。定量与定性相结合，保证了评价结果的准确合理。

4. 采用卫星遥感和GIS支持的自动化评价方法的原则

自动化、定量化的土地评价技术方法是当前土地评价的重要方向之一。近年来，随着计算机技术，特别是GIS技术在土地评价中的不断应用和发展，基于GIS技术进行自动定量化评价的方法已不断成熟，使土地评价的精度和效率大大提高。本次的耕地地力评价工作采用SPOT-5卫星遥感数据提取和更新耕地资源现状信息，通过数据库建立、评价模型及其与GIS空间叠加等分析模型的结合，实现了全数字化、自动化的评价流程，在一定程度上代表了当前土地评价的最新技术方法。

（二）依据

耕地地力是耕地本身的生产能力，因此，耕地地力的评价要依据与此相关的各类自然和社会经济要素，具体包括三个方面。

1. 耕地地力的自然环境要素

耕地地力的自然环境要素包括耕地所处的地形地貌条件、水文地质条件、成土母质条件以及土地利用状况等。

2. 耕地地力的土壤理化要素

耕地地力的土壤理化要素包括土壤剖面、土体构型、耕层厚度、质地、容重等物理性状，有机质、N、P、K、微量元素、pH、交换量等化学性状。

3. 耕地地力的农田基础设施条件

耕地地力的农田基础设施条件包括耕地的灌排条件、水土保持工程建设、培肥管理条件等。

二、评价的流程

整个评价可分为三个方面的主要内容，按先后的次序分别为：

资料工具准备及数据库建立：即根据评价的目的、任务、范围、方法，收集、准备与评价有关的各类自然及社会经济资料，并进行资料的分析处理。选择适宜的计算机硬件和GIS等分析软件，建立耕地地力评价基础数据库。

耕地地力评价：划分评价单元，提取影响地力的关键因素并确定权重，选择相应的评价方法，制定评价标准，确定耕地地力等级。

评价结果分析：依据评价结果，量算各等级耕地面积，编制耕地地力分布图。分析耕地地力问题，提出耕地资源可持续利用的措施建议。

评价的工作流程如图 5-1 所示。

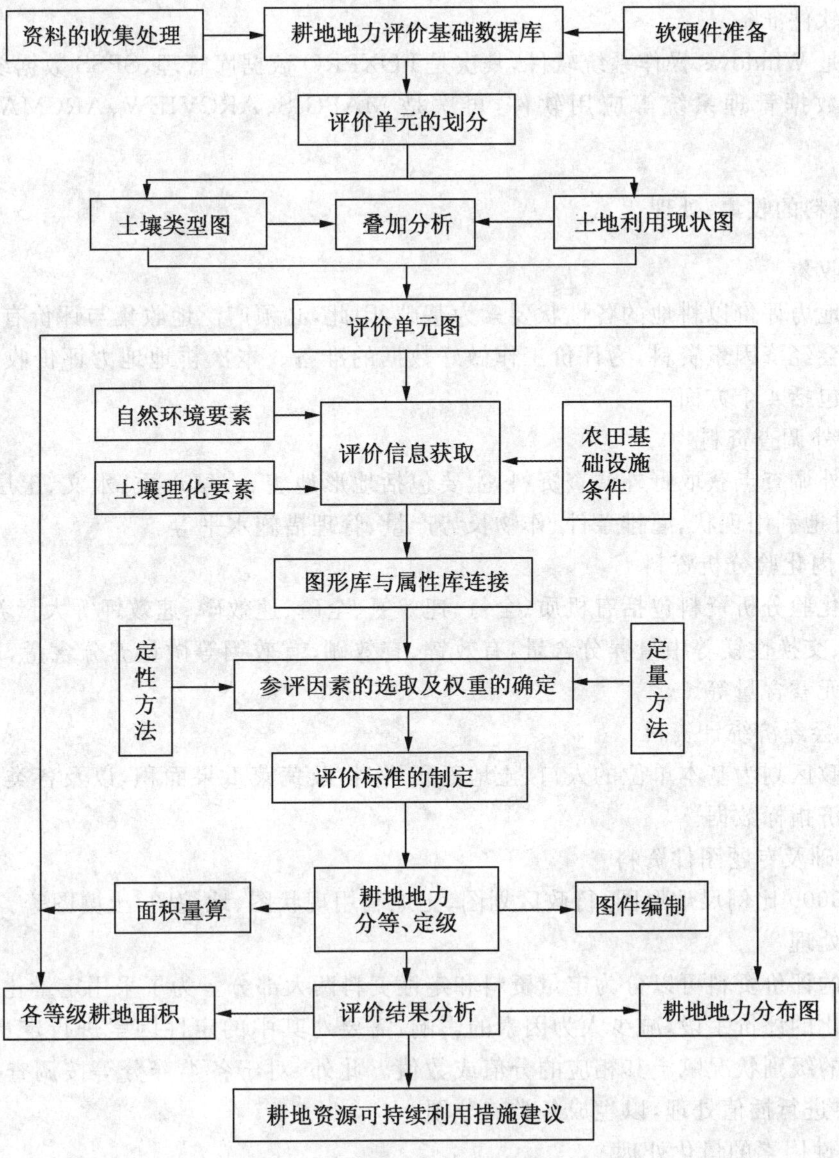

图 5-1　耕地地力评价流程图

第二节　软硬件准备、资料收集处理及基础数据库的建立

一、软硬件准备

(一)硬件准备

硬件主要包括高档微机、A0 幅面数字化仪、A0 幅面扫描仪、喷墨绘图仪等。微机主

要用于数据和图件的处理分析，数字化仪、扫描仪用于图件的输入，喷墨绘图仪用于成果图的输出。

（二）软件准备

首先是 Windows 操作系统软件，其次是 FOXPRO 数据库管理、SPSS 数据统计分析/ACCESS 数据管理系统等应用软件，再次是 MAPGIS、ARCVIEW、ARCMAP 等 GIS 软件。

二、资料的收集、处理

（一）收集

耕地地力评价以耕地的各性状要素为基础，因此，必须广泛地收集与评价有关的各类自然和社会经济因素资料，为评价工作做好数据的准备。本次耕地地力评价收集获取的资料主要包括 4 个方面。

1. 野外调查资料

按野外调查点获取野外调查资料，主要包括地形地貌、土壤母质、水文、土层厚度、表层质地、耕地利用现状、灌排条件、作物长势产量、管理措施水平等。

2. 室内化验分析资料

室内化验分析资料包括有机质、全氮、速效氮、全磷、速效磷、速效钾等大量养分含量，交换性钙、交换性镁等中量养分含量，有效锌、有效硼、有效钼等微量养分含量，以及 pH、土壤污染元素含量等。

3. 社会经济统计资料

以行政区划为基本单位的人口、土地面积、作物及蔬菜瓜果面积，以及各类投入产出等社会经济指标数据。

4. 基础及专题图件资料

1∶50000 比例尺地形图、行政区划图、土地利用现状图、地貌图、土壤图等。

（二）处理

获取的评价资料可以分为定量资料和定性资料两大部分。为了采用定量化的评价方法和自动化的评价手段，减少人为因素的影响，需要对其中的定性因素进行定量化处理，根据因素的级别状况赋予其相应的分值或数值。此外，对于各类养分等按调查点获取的数据，需要进行插值处理，以生成各类养分图。

1. 定性因素的量化处理

土壤表层质地：考虑不同质地类型的土壤肥力特征，以及与植物生长发育的关系，赋予不同质地类别以相应的分值（见表 5-1）。

表 5-1　土壤表层质地的量化处理

质地类别	中壤	轻壤	重壤	沙壤	砂土
分　值	100	95	80	70	55

土体构型:根据不同的土体构型对植物生长发育的影响,赋予不同土体构型以相应的分值(见表 5-2)。

表 5-2　土体构型的量化处理

土体构型	中壤均质	中壤黏腰	轻壤黏腰	轻壤均质	中壤黏心	中壤砂姜腰	中壤砂腰	重壤均质	轻壤砂心	沙壤砂心	中层	薄层
分值	100	95	95	90	85	85	80	60	60	50	30	10

地貌类型:根据不同的地貌类型对耕地地力及作物生长的影响,赋予其相应的分值(见表 5-3)。

表 5-3　地貌类型的量化处理

地貌类型	缓平坡地	山前倾斜平地	山前缓平地	缓岗	浅平洼地	槽状洼地	河谷高地	河漫滩	河谷梯田	近山阶地	坡麓梯田	荒坡岭
分值	100	97	95	93	90	87	84	80	60	40	20	10

障碍状况:考虑影响宁阳县耕地地力的主要障碍状况,将其障碍状况归纳为不同的类型,并根据其对耕地地力的影响程度进行量化处理(见表 5-4)。

表 5-4　障碍状况的量化处理

障碍状况	无障碍	浅黏	夹砂或砂姜	砾质	石渣土
分值	100	90	80	60	40

2. 各类养分专题图层的生成

对于土壤有机质、氮、磷、钾、锌、硼、钼等养分数据,首先按照野外实际调查点进行整理,建立以各养分为字段、以调查点为记录的数据库。然后进行土壤采样样点图与分析数据库的连接,在此基础上对各养分数据进行自动的插值处理。

分别对比了在 MAPGIS 和 ARCVIEW 环境中的插值结果,发现 ARCVIEW 环境中的插值结果线条更为自然圆滑,更符合实际。因此,本研究中所有养分采样点数据均在 ARCVIEW 环境下操作,利用其空间分析模块功能对各养分数据进行自动的插值处理,经编辑处理,自动生成各土壤养分专题栅格图层。后续的耕地地力评价也以栅格形式进行,与矢量形式相比,能够将各评价要素信息精确到栅格(像元)水平,保证了评价结果的准确性。在 ARCVIEW 下插值生成的宁阳县土壤有机质、全氮含量分布栅格图如图 5-2 和图 5-3 所示。

图 5-2　宁阳县土壤有机质含量栅格图

图 5-3　宁阳县土壤全氮含量栅格图

3. 宁阳县数字高程模型和坡度图的生成

利用宁阳县 1∶50000 地形图，扫描输入后进行矢量化，获得等高线及高程信息，自动插值生成宁阳县数字高程模型（DEM），在此基础上生成宁阳县地形坡度，经编辑处理后形成坡度图和三维地势图（见图 5-4）。

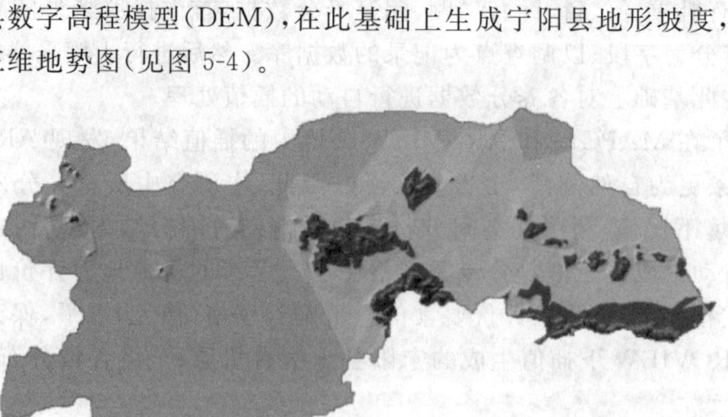

图 5-4　宁阳县三维地势图

三、基础数据库的建立

(一)基础属性数据库的建立

为更好地对数据进行管理和为后续工作提供方便,将采样点基本情况信息、农业生产情况信息、土壤理化性状化验分析数据、土壤污染元素化验分析数据等信息以调查点为基本数据库记录进行属性数据库的建立,作为后续耕地地力评价工作的基础。

(二)基础专题图图形库的建立

将扫描矢量化及插值等处理生成的各类专题图件,在 ARCVIEW 和 MAPGIS 软件的支持下,分别以栅格形式和点、线、区文件的形式进行存储和管理,同时将所有图件统一转换到相同的地理坐标系统下,以进行图件的叠加等空间操作,各专题图图斑属性信息通过键盘交互式输入或通过与属性库挂接读取,构成基本专题图图形数据库。图形库与基础属性库之间通过调查点相互连接。

第三节 评价单元的划分及评价信息的提取

一、评价单元的划分

评价单元是由对土地质量具有关键影响的各土地要素组成的空间实体,是土地评价的最基本单位、对象和基础图斑。同一评价单元内的土地自然基本条件、土地的个体属性和经济属性基本一致,不同土地评价单元之间,既有差异性,又有可比性。耕地地力评价就是通过对每个评价单元的评价,确定其地力级别,把评价结果落实到实地和编绘的土地资源图上。因此,土地评价单元划分的合理与否,直接关系到土地评价结果的好坏以及工作量的大小。

目前,对土地评价单元的划分尚无统一的方法,有以土壤类型、以土地利用类型、以行政区划单位、以方里网等多种方法。本次宁阳县耕地地力评价土地评价单元的划分采用土壤图、土地利用现状图叠置的划分法,相同土壤单元及土地利用现状类型的地块组成一个评价单元,即“土地利用现状类型—土壤类型”的格式。其中,土壤类型划分到土种,土地利用现状类型划分到二级利用类型,制图区界以基于遥感影像的宁阳县最新土地利用现状图为准。为了保证土地利用现状的现实性,基于野外的实地调查对耕地利用现状进行了修正,其中菜地进行了进一步的细分,分到三级类型。同一评价单元内的土壤类型、利用方式相同,交通、水利、经营管理方式等基本一致,用这种方法划分评价单元可以反映单元之间的空间差异性,既使土地利用类型有了土壤基本性质的均一性,又使土壤类型有了确定的地域边界线,使评价结果更具综合性、客观性,可以较容易地将评价结果落实到实地。通过图件的叠置和检索,将宁阳县耕地地力划分为 5886 个评价单元。

二、评价信息的提取

影响耕地地力的因子非常多,并且它们在计算机中的存储方式也不相同,因此,如何准确地获取各评价单元评价信息是评价中的重要一环。鉴于此,舍弃直接从键盘输入参评因子值的传统方式,采取将评价单元与各专题图件叠加采集各参评因素信息的方式。具体的做法是:①按唯一标志原则为评价单元编号;②在 ARCVIEW 环境下生成评价信息空间库和属性数据库;③在 ARCMAP 环境下,从图形库中调出各化学性状评价因子的专题图,与评价单元图进行叠加,计算出各因子的均值;④保持评价单元几何形状不变,在耕地资源管理信息系统中直接对叠加后形成的图形的属性库进行"属性提取"操作,以评价单元为基本统计单位,按面积加权平均汇总评价单元立地条件评价因子的分值。

由此,得到图形与属性相连的、以评价单元为基本单位的评价信息,为后续耕地地力的评价奠定了基础。

第四节 参评因素的选取及其权重的确定

正确地进行参评因素的选取并确定其权重,是科学地评价耕地地力的前提,直接关系到评价结果的正确性、科学性和社会可接受性。

一、参评因素的选取

参评因素是指参与评定耕地地力等级的耕地诸属性。影响耕地地力的因素很多,在本次宁阳县耕地地力评价中,根据宁阳县的区域特点,遵循主导因素原则、差异性原则、稳定性原则、敏感性原则,采用定量和定性方法结合,进行参评因素的选取。

(一)系统聚类方法

系统聚类方法用于筛选影响耕地地力的理化性质等定量指标。通过聚类将类似的指标进行归并,辅助选取相对独立的主导因子。利用 SPSS 统计软件进行土壤养分等化学性状的系统聚类。

如图 5-5 所示为土壤养分等化学性状的聚类分析,从图中可以看出,氯离子、全盐、硝态氮、全氮、交换性钙、有效硅、交换性镁、有效硼、有效钼、有效铁、有效锰、有效锌、有效铜、有效硫聚为一组,有效磷、速效钾、碱解氮、缓效钾聚为一组,有机质为一组,pH 为一组。

(二)DELPHI 法

用 DELPHI 法进行影响耕地地力的立地条件、物理性状等定性指标的筛选。由土壤农业化学学者、专家及宁阳县土肥站业务人员组成的专家组,首先对指标进行分类,在此基础上进行指标的选取,并讨论确定最终的选择方案。

综合以上两种方法,在定量因素中根据各因素对耕地地力影响的稳定性以及营养元素的全面性,在聚类分析第一组中选取有效锌、有效硼为参评因素,第二组中选取有效磷、速效钾为参评因素,第三组中选取有机质为参评因素。结合专家组选择结果,最后确定灌溉保证率、坡度、地形地貌、耕层质地、剖面构型、障碍层状况、土层厚度、有机质、大量元素(速效钾、有效磷)、微量元素(有效锌、有效硼)等 12 项因素作为耕地地力评价的参评指标。

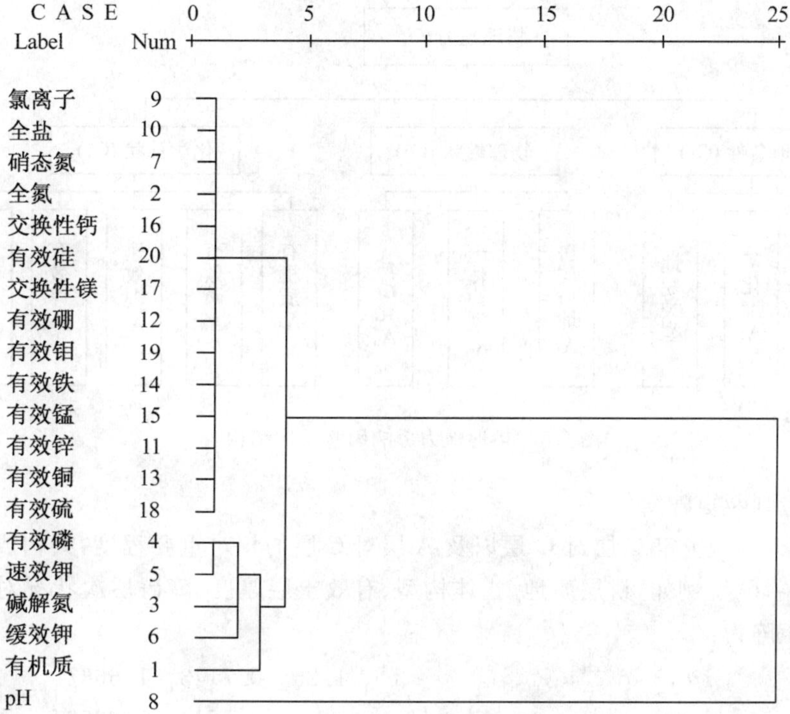

图 5-5　土壤养分等化学性状的聚类分析

二、权重的确定

在耕地地力评价中，需要根据各参评因素对耕地地力的贡献确定权重。确定权重的方法很多，本评价中采用层次分析法(AHP)来确定各参评因素的权重。

层次分析法(AHP)是在定性方法基础上发展起来的定量确定参评因素权重的一种系统分析方法，这种方法可将人们的经验思维数量化，用以检验决策者判断的一致性，有利于实现定量化评价。

(一)建立层次结构

耕地地力为目标层(G 层)，影响耕地地力的立地条件、物理性状、化学性状为准则层(C 层)，再把影响准则层中各元素的项目作为指标层(A 层)，其结构关系如图 5-6 所示。

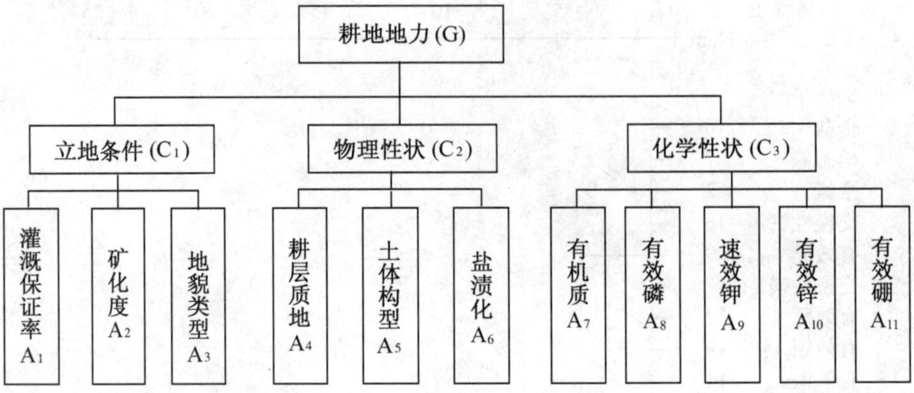

图 5-6　耕地地力影响因素层次结构

（二）构造判断矩阵

根据专家经验，确定 C 层对 G 层以及 A 层对 C 层的相对重要程度，共构成 4 个判断矩阵 A、C_1、C_2、C_3。例如，耕层质地、土体构型、有效土层厚度、障碍层次状况对耕地物理性状的判断矩阵为：

$$C_2=\begin{pmatrix} a_{11} & a_{12} & a_{13} & a_{14} \\ a_{21} & a_{22} & a_{23} & a_{24} \\ a_{31} & a_{32} & a_{33} & a_{34} \\ a_{41} & a_{42} & a_{43} & a_{44} \end{pmatrix}=\begin{pmatrix} 1 & 1.25 & 0.7143 & 1.6667 \\ 0.8 & 1 & 0.5714 & 1.3333 \\ 1.4 & 1.75 & 1 & 2.3333 \\ 0.6 & 0.75 & 0.4286 & 1 \end{pmatrix}$$

其中，a_{ij}（i 为矩阵的行号，j 为矩阵的列号）表示对 C_2 而言，a_i 对 a_j 的相对重要性的数值。

（三）层次单排序及一致性检验

即求取 A 层对 C 层的权数值，可归结为计算判断矩阵的最大特征根对应的特征向量。利用 SPSS 等统计软件，得到的各权数值及一致性检验的结果如表 5-5 所示。

表 5-5　　权数值及一致性检验结果

矩　阵	特征向量					C_I	C_R
矩阵 A		0.4186	0.3488	0.2326		−0.00000537	0.00000926<0.1
矩阵 C_1		0.1980	0.3564	0.4455		−0.00000369	0.00000575<0.1
矩阵 C_2	0.2159	0.2699	0.1542	0.3599		0.00000621	0.0000069<0.1
矩阵 C_3	0.0787	0.0945	0.1181	0.2362	0.4724	0.00000549	0.00000491<0.1

从表 5-5 中可以看出，$C_R<0.1$，具有很好的一致性。

（四）层次总排序及一致性检验

经层次总排序，并进行一致性检验，结果为 $C_I=0.00000369$，$C_R=0.00000402$，具有满意的一致性，最后计算 A 层对 G 层的组合权数值，得到各因子的权重，最终结果如表

5-6所示。

表 5-6　　各因子的权重

灌溉保证率	0.2248	质地	0.0790	障碍层	0.0474	速效钾	0.0556
坡度	0.1252	土体构型	0.0632	有机质	0.0834	有效锌	0.0278
地形地貌	0.0996	土层厚度	0.1106	有效磷	0.0694	有效硼	0.0139

第五节　耕地地力等级的确定

一、参评因素隶属函数的建立

用 DELPHI 法根据一组分布均匀的实测值评估出对应的一组隶属度，然后在计算机中绘制这两组数值的散点图，再根据散点图进行曲线模拟，寻求参评因素实际值与隶属度的关系方程，从而建立起隶属函数。各参评因素的分级及其相应的专家赋值和隶属度如表 5-7 所示。

表 5-7　　参评因素的分级及其相应的专家赋值和隶属度

坡度	0	0.2	0.5	1	3	5	7	10	15	25		
分值	98	100	98	95	90	80	60	30	10	1		
隶属度	0.98	1	0.98	0.95	0.9	0.8	0.6	0.3	0.1	0.01		
地形地貌	缓平坡地	山前倾斜平地	山前缓平地	缓岗	浅平洼地	槽状洼地	河谷高地	河漫滩	河谷梯田	近山阶地	坡麓梯田	荒坡岭
分值	100	97	95	93	90	87	84	80	60	40	20	10
隶属度	1	0.97	0.95	0.93	0.9	0.87	0.84	0.8	0.6	0.4	0.2	
灌溉保证率	80	70	60	50	30	10	0					
分值	100	90	80	65	40	10	0					
隶属度	1	0.9	0.8	0.65	0.4	0.1	0					
有机质	20	18	16	14	12	10	8	6				
分值	100	98	95	90	84	78	65	50				
隶属度	1	0.98	0.95	0.9	0.84	0.78	0.65	0.5				
有效磷	400	300	200	110	80	60	40	30	20	15	10	5
分值	70	80	90	100	98	96	92	90	85	80	60	40
隶属度	0.7	0.8	0.9	1	0.98	0.96	0.92	0.9	0.85	0.8	0.6	0.4
速效钾	400	320	240	160	120	100	80	60				

续表

分值	100	98	93	85	82	78	70	50				
隶属度	1	0.98	0.93	0.85	0.82	0.78	0.7	0.5				
有效锌	2	1.5	1.2	1	0.8	0.5	0.3					
分值	100	92	87	85	80	70	55					
隶属度	1	0.92	0.87	0.85	0.8	0.7	0.55					
有效硼	1.8	1.5	1.2	1	0.8	0.5	0.2					
分值	100	95	87	85	80	70	55					
隶属度	1	0.95	0.87	0.85	0.8	0.7	0.55					
耕层												
质地	中壤	轻壤	重壤	沙壤	砂土							
分值	100	95	80	70	55							
隶属度	1	0.95	0.8	0.7	0.55							
障碍层												
状况	其他	浅黏	夹砂									
砂姜	砾质	石渣土										
分值	100	90	80	60	40							
隶属度	1	0.9	0.8	0.6	0.4							
剖面构型	中壤均质	中壤黏腰	轻壤黏腰	轻壤均质	中壤黏心	中壤砂姜腰	中壤砂腰	重壤均质	轻壤砂心	沙壤砂心	中层	薄层
分值	100	95		90	85		80	60		50	30	10
隶属度	1	0.95		0.9	0.85		0.8	0.6		0.5	0.3	0.1
有效												
土层	150	130	110	90	70	50	30					
分值	100	95	88	70	55	35	10					
隶属度	1	0.95	0.88	0.7	0.55	0.35	0.1					

通过模拟共得到直线型、戒上型、戒下型三种类型的隶属函数，其中有效磷属于以上两种或两种以上的复合型隶属函数，地貌类型、质地等描述性的因素属于直线型隶属函数，然后根据隶属函数计算各参评因素的单因素评价评语。以有机质为例绘制的散点图和模拟曲线如图 5-7 和图 5-8 所示。

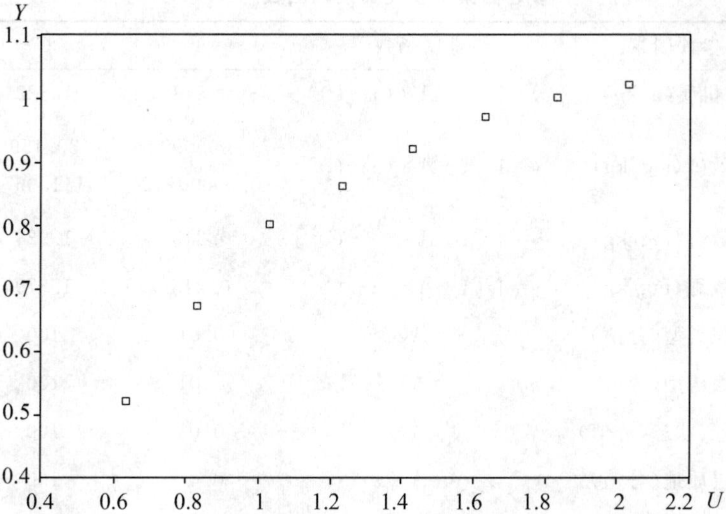

图 5-7 有机质与隶属度关系散点图

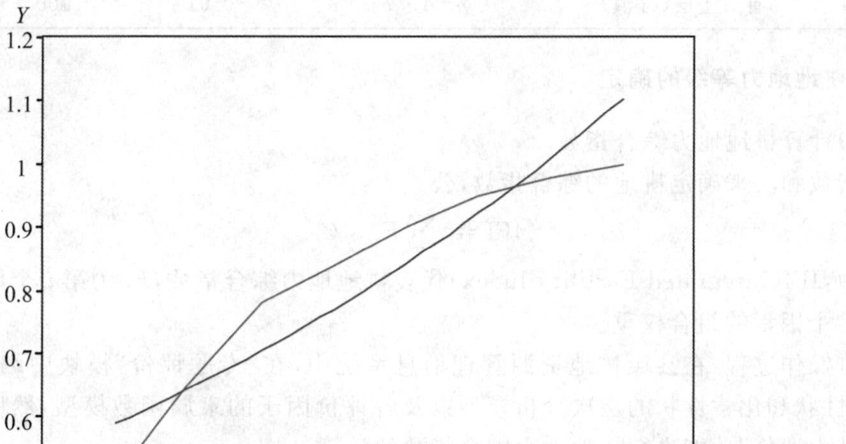

图 5-8 有机质与隶属度关系曲线

其隶属函数为戒上型，形式为：

$$y=\begin{cases}0 & (x\leqslant x_t)\\ 1/[1+A\times(x-C)^2] & (x_t<x<C)\\ 1 & (C\leqslant x)\end{cases}$$

各参评因素类型及其隶属函数如表 5-8 所示。

表 5-8 参评因素类型及其隶属函数

函数类型	参评因素	隶属函数	A	C	U_t
戒上型	有机质(g/kg)	$y=1/[1+A\times(x-C)^2]$	0.543	1.822	0.35
戒上型<110 戒下型>110	有效磷(mg/kg)	$y=1/[1+A\times(x-C)^2]$	0.0000992 0.00000742	80.159 111.967	3 450
戒上型	速效钾(mg/kg)	$y=1/[1+A\times(x-C)^2]$	0.245	1.924	0.1
戒上型	有效硼(mg/kg)	$y=1/[1+A\times(x-C)^2]$	0.245	1.879	0.1
直线型	地貌类型(分值)	$y=A\times x$	0.01	100	0
直线型	剖面构型(分值)	$y=A\times x$	0.01	100	0
直线型	障碍层状态(分值)	$y=A\times x$	0.01	100	0
直线型	耕层质地(分值)	$y=A\times x$	0.01	100	0
直线型	坡度(分值)	$y=A\times x$	0.01	100	0
直线型	灌溉保证率(分值)	$y=A\times x$	0.01	100	0
直线型	有效土层(分值)	$y=A\times x$	0.01	100	0

二、耕地地力等级的确定

(一)计算耕地地力综合指数

用指数和法来确定耕地的综合指数,公式为:

$$\mathrm{IFI} = \sum F_i \times C_i$$

其中,IFI(Integrated Fertility Index)代表耕地地力综合指数,F_i 为第 i 个因素评语,C_i 为第 i 个因素的组合权重。

具体操作过程:在县域耕地资源管理信息系统中,在"专题评价"模块中编辑立地条件、物理性状和化学性状的层次分析模型以及各评价因子的隶属函数模型,然后选择"耕地生产潜力评价"功能进行耕地地力综合指数的计算。

(二)确定最佳的耕地地力等级数目

计算耕地地力综合指数之后,在耕地资源管理系统中选择累积曲线分级法进行评价,并根据曲线斜率的突变点(拐点)来确定等级的数目和划分综合指数的临界点。宁阳县耕地地力共划分为六级,各等级耕地地力综合指数如表 5-9 所示,综合指数分布图如图 5-9 所示。

表 5-9 宁阳县耕地地力等级综合指数

IFI	>0.918	0.875~0.918	0.820~0.875	0.75~0.82	0.64~0.75	<0.64
耕地地力等级	一级地	二级地	三级地	四级地	五级地	六级地

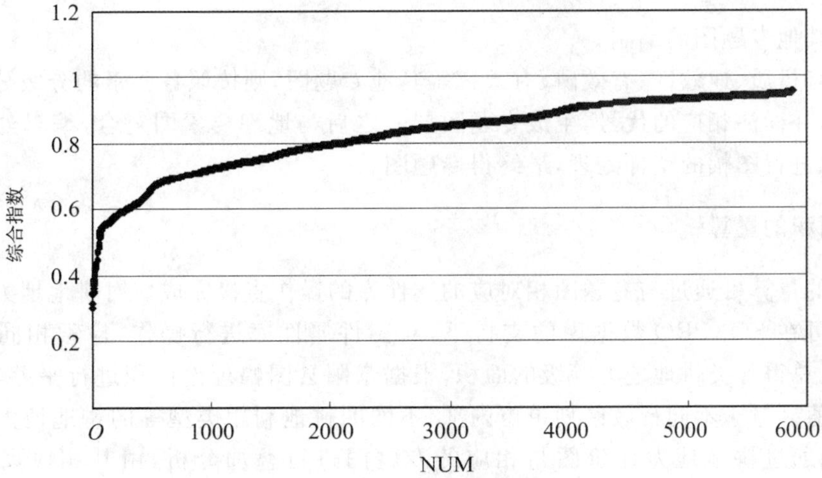

图 5-9　宁阳县综合指数分布图

第六节　成果图编制及面积量算

一、图件的编制

为了提高制图的效率和准确性，在地理信息系统软件 MAPGIS 的支持下，进行宁阳县耕地地力评价图及相关图件的自动编绘处理。其步骤大致分以下几步：扫描矢量化各基础图件→编辑点、线→点、线校正处理→统一坐标系→区编辑并对其赋属性→根据属性赋颜色→根据属性加注记→图幅整饰输出。另外还充分发挥 MAPGIS 强大的空间分析功能，将评价图与其他图件进行叠加，从而生成其他专题图件，如评价图与行政区划图叠加，可计算各行政区划单位内的耕地地力等级面积等。

(一)专题图地理要素底图的编制

专题图的地理要素内容是专题图的重要组成部分，用于反映专题内容的地理分布，并作为图幅叠加处理等的分析依据。地理要素的选择应与专题内容相协调，应考虑图面的负载量和清晰度，应选择基本的、主要的地理要素。

以宁阳县最新的土地利用现状图为基础，对此图进行制图综合处理，选取主要的居民点、交通道路、水系、境界线等及其相应的注记，进而编辑生成 1∶50000 各专题图地理要素底图。

(二)耕地地力评价图的编制

以耕地地力评价单元为基础，根据各单元的耕地地力评价等级结果，对相同等级的相邻评价单元进行归并处理，得到各耕地地力等级图斑。在此基础上，分 2 个层次进行图面耕地地力等级的表示：一是颜色表示，即赋予不同耕地地力等级以相应的颜色；二是代号，用罗马数字Ⅰ、Ⅱ、Ⅲ、Ⅳ、Ⅴ、Ⅵ表示不同的耕地地力等级，并在评价图相应的耕地地力图斑上注明。将评价专题图与以上的地理要素图复合，整饰得宁阳县 1∶50000 耕地地力评价图。

(三)其他专题图的编制

对于有机质、速效钾、有效磷、有效锌等其他专题图,则按照各要素的分级分别赋予相应的颜色,并标注相应的代号,生成专题图层。之后与地理要素图复合,编辑处理生成专题图件,并进行图幅的整饰处理,最终得专题图。

二、面积的量算

面积的量算可通过与专题图相对应的属性库的操作直接完成。对耕地地力等级面积的量算则可在 FOXPRO 数据库的支持下,对图件属性库进行操作,检索相同等级的面积,然后汇总得各类耕地地力等级的面积,根据宁阳县图幅理论面积进行平差,得到准确的面积数值。对于不同行政区划单位内部、不同的耕地利用类型等的耕地地力等级面积的统计,则通过耕地地力评价图与相应的专题图进行叠加分析,由其相应属性库统计获得。

第六章　耕地地力分析

本次耕地地力分析按照农业部耕地质量调查和评价的规程及相关标准，并结合当地实际情况，选取了对耕地地力影响较大、区域内变异明显、在时间序列上具有相对稳定性、与农业生产有密切关系的12个因素来建立评价指标体系。以土壤图与土地利用现状图叠加形成评价单元，应用模糊综合评判方法，通过综合分析，将全区耕地共划分为6个等级，根据评价进行耕地地力的系统分析。

第一节　耕地地力等级与分布

一、耕地地力等级划分的标准及面积统计

利用MAPGIS软件，对评价图属性库进行操作，检索统计耕地各等级的面积和图幅总面积。以2010年宁阳县耕地总面积为基准，按面积比例进行平差，统计得出各耕地地力等级面积。

该分级参照《全国耕地类型区、耕地地力等级划分》(NY/T309-1996)国家标准，并结合当地实际情况，以全年粮食或主导作物参量水平作为引导因素，将耕地引入不同的地力等级中，确立了当前全县耕地不同等级的分级标准。

宁阳县耕地总面积为70000 hm^2，其中以一级地、三级地为主，占耕地总面积的比例均已超过了20%，其次是二级地、四级地和五级地，分别占耕地总面积的11.09%、17.34%和15.33%，3个等级所占的比例相对比较均衡，六级地面积较少，仅占耕地总面积的6.84%。具体标准如表6-1所示。

表6-1　　宁阳县耕地地力分级标准

地理等级	小麦产量 ($kg/667m^2$)	玉米产量 ($kg/667m^2$)	复合产量 ($kg/667m^2$)	面积 (hm^2)	百分比 (%)
一级地	＞500	＞600	＞1100	19285	27.55
二级地	450～500	550～600	1000～1100	7763	11.09
三级地	400～450	500～550	900～1000	15295	21.85
四级地	350～400	400～450	850～900	12138	17.34
五级地	300～350		300～350	10731	15.33
六级地	＜300		＜300	4788	6.84

注：五级地和六级地基本一年一作，故仅统计小麦产量。

同时根据地力监测及测土化验结果，确定了耕地地力等级划分指标(见表6-2)。

表6-2　　宁阳县耕地地力等级划分指标

项目	一级地　二级地	三级地	四级地	五级地	六级地
地形部位	倾(微)斜平地	河缓阶地、倾斜平地、近山阶地和坡岭梯田	倾斜平地、近山阶地、缓阶地、坡岭梯田、沟谷梯田	缓阶地、坡岭梯田、河漫、沙丘	山坡梯田、坡麓梯田、岭坡梯田
地面坡降	1/2000～1/5000	1/2000～1/5000	1/2000～1/7000	1/2000～1/10000	1/2000～1/15000
成土母质	近代河流冲积物、疏松的黄土性冲积物	近代河床冲积物、洪积物	浅湖沼相沉积物，河流冲、沉积物	坡洪积物、沙性洪积物	坡洪积物、堆积物
剖面构型	通体均质壤土或蒙金型	1m以下有夹黏、夹砂、夹砾或底黏、底砂、底砾层	50cm内有浅黏、夹砂姜的障碍层	50cm内有夹砂、夹黏或夹砾，或通体沙或表砂表砾，耕层结构不良	耕层结构不良，土体构型中存在较多中层
地下水位	3～5m	高地3～5m，低地2～3m	高地3～5m，低地1～3m	高地3～5m，低地1～2.5m	高地3～5m，低地0.5～1.5m
排灌条件	灌排畅通、灌排工程抗十年一遇的干旱与洪涝	农田基础设施良好、灌排能力良好	排灌能力一般，灌溉保证率在30%以上	灌溉保证率较低	无灌溉条件，排水不畅
耕层厚度(cm)	＞20　＞18	＞15	＞15	＞12	＞12
耕层质地	粉沙质壤土至壤质黏土，以粉沙质壤土为主	轻壤、中壤为主，伴有部分沙壤和砂土	轻壤、中壤、沙壤为主，含有少量的砂土	轻壤、沙壤或黏土	棕壤或褐土
产量水平(小麦、玉米复合产量，kg/337m²)	＞1100　1000～1100	900～1000	850～900	300～350	＜300

二、耕地地力空间分布分析

(一)耕地地力等级分布

境内地势东高西低，主要地貌类型：东部多为低山、丘陵，西部多为平原。耕地面积较大，坡度较缓，土层较厚，土壤亚类多为棕壤、潮棕壤和潮褐土等，耕层质地以轻壤、沙壤和中壤为主，区域内一半以上耕地无明显的障碍层次，农田基础设施配套良好，灌排能力较好。总体来看，宁阳县耕地地力较好，前三等级面积之和占到了总耕地面积的60.49%，主要分布在中部及东北部地区。该区土壤质地多为中壤、轻壤，土层较厚，土壤肥力高，坡度较缓，农业基础设施配套成型，测土配方施肥工程也首先在这一区域展开。四级地、五级地分布比较分散，主要集中在东南部及西部一些地区，坡度较大，土层较薄，属于只要加大资金投入、完善基础设施、改善生产条件，产量就能大幅提高的中产田类型，有一定的改良利用潜力。六级地主要分布在宁阳县的东西两端，这部分耕地以沙壤和沙土为主，肥力较低，土体构型多为薄层、极薄层或中层等，灌溉条件差，属于低产田类型，急需改良利用。

（二）耕地地力等级的行政区域划分

将耕地地力等级分布图与宁阳县行政区划图进行叠加分析，在耕地地力等级行政区域分布数据库中，按权属字段检索出各等级的记录，统计出各级地在各乡镇的分布状况（见表6-3）。

表6-3　　宁阳县耕地地力等级行政区域分布

乡　镇		一级地	二级地	三级地	四级地	五级地	六级地	合计
华丰镇	面积(hm^2)	256.08	606.53	2013.54	1078.48	2093.04	768.08	6815.75
	百分比(%)	3.76	8.9	29.54	15.82	30.71	11.27	100
蒋集镇	面积(hm^2)	1033.01	786.27	3367.39	818.42	242.98	62.05	6310.12
	百分比(%)	16.37	12.46	53.37	12.97	3.85	0.98	100
磁窑镇	面积(hm^2)	711.73	364.27	2238.3	2034.3	2907.02	92.36	8347.98
	百分比(%)	8.53	4.36	26.81	24.37	34.82	1.11	100
堽城镇	面积(hm^2)	3012.38	991.37	3086.56	619.35	604	48.11	8361.77
	百分比(%)	36.03	11.86	36.91	7.41	7.22	0.58	100
鹤山乡	面积(hm^2)	1465.91	1907.56	1017.12	607.73	862.63	965.01	6825.96
	百分比(%)	21.48	27.95	14.9	8.9	12.64	14.14	100
伏山镇	面积(hm^2)	4410.83	373.92	243.05	15.85	7.12	9.28	5060.05
	百分比(%)	87.17	7.39	4.8	0.31	0.14	0.18	100
东庄乡	面积(hm^2)	223.8	3.52	170.82	1186.38	1150.64	2701.05	5436.21
	百分比(%)	4.12	0.06	3.14	21.82	21.17	49.69	100
葛石镇	面积(hm^2)	117.45	825.78	2031.67	877.52	2525.71	141.02	6519.15
	百分比(%)	1.8	12.67	12.77	31.85	38.74	2.16	100
东疏镇	面积(hm^2)	4547.12	972.19	287.33	0	0	0	5806.64
	百分比(%)	78.31	16.74	4.95	0	0	0	100
宁阳镇	面积(hm^2)	1335.09	588.42	861.06	215.6	0	0	3000.17
	百分比(%)	44.5	19.61	28.7	7.19	0	0	100
乡饮乡	面积(hm^2)	0	0	580.74	3487.41	337.64	0	4405.79
	百分比(%)	0	0	13.18	79.16	7.66	0	100

续表

乡 镇		一级地	二级地	三级地	四级地	五级地	六级地	合计
泗店镇	面积(hm^2)	2169.41	343.69	597.31	0	0	0	3110.41
	百分比(%)	69.75	11.05	19.2	0	0	0	100

一级地主要分布在伏山镇、东疏镇、泗店镇和宁阳镇，在磁窑镇和蒋集镇的北部也有带状分布；二级地、三级地主要分布在堽城镇、鹤山乡、蒋集镇、磁窑镇和华丰镇；四级地主要分布在乡饮乡、华丰镇、磁窑镇和东庄乡；五级地主要分布在葛石镇、磁窑镇、华丰镇、东庄乡；六级地主要分布在鹤山乡和东庄乡。

第二节 耕地地力等级分述

一、一级地

(一)面积与分布

一级地综合评级指数高于0.92，耕地面积为19285hm^2，占耕地总面积的27.55%，是全县占耕地面积最大的一个等级。其中水浇地17289hm^2，占一级地面积的89.65%；旱地1618.03hm^2，占一级地面积的8.39%；菜地377.97hm^2，占一级地面积的1.96%(见表6-4)。

表6-4 一级地各土地利用类型面积

利用类型	评价单元(个)	面积(hm^2)	占总耕地面积(%)	占一级地面积(%)
水浇地	1339	17289	24.7	89.65
旱地	147	1618.03	2.31	8.39
菜地	67	377.97	0.54	1.96
合计	1553	19285	27.55	100

一级地主要分布于伏山镇、东疏镇、泗店镇、宁阳镇、堽城镇、蒋集镇和鹤山乡，其中伏山镇、东疏镇和泗店镇3个镇中，一级地所占面积均已达到60%以上，在磁窑镇、华丰镇和东庄乡也有少量或零星分布。

(二)主要属性分析

一级地土壤类型以潮褐土为主，兼有部分潮土和湿潮土等。土壤表层质地为轻壤和中壤，土体构型以中壤黏腰、轻壤黏腰、轻壤均质为主，无明显障碍层次。微地貌以微斜平地和倾斜平地为主，土层深厚，土壤理化性状良好，可耕性强。农田水利设施较为完善，灌排条件好，灌溉保证率均已到达100%，土壤养分含量较高(见表6-5)。

表 6-5 一级地主要养分含量

项 目	有机质(g/kg)	有效磷(mg/kg)	速效钾(mg/kg)	有效锌(mg/kg)	有效硼(mg/kg)
平均值	17.9	59.2	134.75	0.95	0.31
范围值	7.7～34.7	17.40～136.01	88.09～219.60	0.29～4.92	0.06～1.21
含量水平	较高	中偏上	中等	中等	中偏下

(三)存在问题

一是该地区属全县经济较好地区,人们历来注重二、三产业,农业投入比例低于二、三产业投入;二是土壤肥力与高产、高效农业的需求还有一定差距;三是随着科学的发展和社会的进步,化肥的作用和效力逐渐被越来越多的农民所认识,却忽视了有机肥的作用,化肥(特别是氮素化肥)的大量施用,使土壤有机质含量不断下降,土壤结构变坏,保肥、保水性能降低,各种营养元素比例失调,导致土壤板结、耕性不良、肥力降低。

(四)改良利用

一级地是全县综合性能最好的耕地,各项评价指标均属良好型。土层厚,排灌性好,易于耕作,养分含量高,保肥、保水,适于各种作物生长。利用方向是发展高产、优质、高效农业,如无公害蔬菜基地、日光温室、反季节瓜果栽培等。

为此,应做好以下工作:①从宁阳县县情出发,按照经济可持续发展战略,严格保护基本农田,控制非农业建设占用农业地,提高土地利用率,统筹安排各类各区域用地,保护和改善生态环境。②增施有机肥,增加土壤有机质含量,实施平衡施肥,防止土壤污染,适量补施微肥,提高耕地质量。

二、二级地

(一)面积与分布

二级地综合评价指数为 0.88～0.92,耕地面积为 7763hm^2,占全县耕地总面积的 11.09%。其中水浇地 5635.94hm^2,占二级地面积的 72.6%;旱地 2043.99hm^2,占二级地面积的 26.33%;菜地 83.07hm^2,占二级地面积的 1.07%(见表 6-6)。

表 6-6 二级地各土地利用类型面积

利用类型	评价单元(个)	面积(hm^2)	占总耕地面积(%)	占二级地面积(%)
水浇地	483	5635.94	8.05	72.6
旱地	154	2043.99	2.92	26.33
菜地	17	83.07	0.12	1.07
合计	654	7763	11.09	100

二级地主要分布在鹤山乡、华丰镇、东疏镇、蒋集镇、堽城镇和葛石镇,其中以鹤山乡分布面积最大,为 1907.56hm^2,占该镇耕地面积的 27.95%,在华丰镇和伏山镇等乡镇也有少量或零星分布。

(二)主要属性分析

二级地土壤类型以潮褐土、潮土和淋溶褐土为主,兼有典型棕壤、典型砂姜黑土等土壤类型。土壤表层质地以轻壤、中壤和沙壤为主,兼有少量沙土。土体构型以轻壤均质、中壤黏心、轻壤黏心、沙壤黏腰等为主,兼有部分黑土裸露等类型。微地貌以微斜平地和倾斜平地为主,含有部分缓阶地、缓岗地等类型。土层深厚,土壤理化性状良好,可耕性强。农田水利设施较为完善,灌排条件较好,灌溉保证率均已达到75%以上,土壤养分均比较理想(见表6-7)。

表6-7 二级地主要养分含量

项　目	有机质(g/kg)	有效磷(mg/kg)	速效钾(mg/kg)	有效锌(mg/kg)	有效硼(mg/kg)
平均值	16.9	52.12	132.28	0.85	0.3
范围值	5.1～32.5	12.39～107.28	70.45～487.85	0.31～1.68	0.10～0.9
含量水平	较高	中偏上	中等	中等	中偏下

(三)存在问题

二级地存在的主要问题是部分耕地环境质量欠佳,部分地区土体构型夹砂或为砂均质,存在漏水、漏肥情况。

(四)改良利用

增施有机肥料,培肥地力,采取深耕等措施,改良土壤质地和构型,同时与农田基础建设相结合,兴修水利,扩大灌溉面积,合理轮作,调剂养分,余缺互补。

三、三级地

(一)面积与分布

三级地综合评价指数为0.82～0.88,耕地面积为15295hm^2,占全县耕地总面积的21.86%,是除一级地外占全县耕地面积最大的一个等级。其中水浇地8976.64hm^2,占三级地面积的58.69%;旱地6156.23hm^2,占三级地面积的40.25%;菜地162.13hm^2,占三级地面积的1.06%(见表6-8)。

表6-8 三级地各土地利用类型面积

利用类型	评价单元(个)	面积(hm^2)	占总耕地面积(%)	占三级地面积(%)
水浇地	806	8976.64	12.83	58.69
旱地	444	6156.23	8.8	40.25
菜地	36	162.13	0.23	1.06
合计	1286	15295	21.86	100

三级地主要分布在蒋集镇、堽城镇、华丰镇、磁窑镇和葛石镇,其中三级地分布面积最大的镇是蒋集镇,占该镇耕地面积的53.37%,其他四个镇所占的面积也已接近或超过30%。在泗店镇、鹤山乡、乡饮乡和葛石镇等都有分布。

（二）主要属性分析

三级地土壤主要为潮褐土和典型棕壤等，含有部分淋溶褐土、典型砂姜黑土等。耕层质地以轻壤和中壤为主，伴有部分沙壤和砂土。土体构型主要为轻壤均质、轻壤黏心、沙壤黏心、沙壤均质等。微地貌类型为河缓阶地、倾斜平地、近山阶地和坡岭梯田等。土壤理化性质较好，农田基础设施良好，灌排能力较好，灌溉保证率在50%以上，土壤养分含量较高（见表6-9）。

表6-9 三级地主要养分含量

项　目	有机质(g/kg)	有效磷(mg/kg)	速效钾(mg/kg)	有效锌(mg/kg)	有效硼(mg/kg)
平均值	16.7	59.29	130.09	0.92	0.3
范围值	6.2～33.2	12.95～118.73	72.92～349.97	0.33～2.13	0.10～0.75
含量水平	较高	中偏上	中等	中等	中偏下

（三）存在问题

三级地部分耕地质地为沙壤或沙土，容易造成养分的流失，同时，少部分耕地土壤偏黏，透水、透气性差，不利于作物的生长。

（四）改良利用

一是增施有机肥料，一方面可以培肥地力；另一方面可以改善土壤中偏砂的状况，改良土体构型。二是大搞农田基本建设，维护和建设水利设施，尤其是农田灌溉设施，大力推广节水灌溉、提高灌溉保证率。三是调整种植业结构，大力发展旱作农业，合理布局农业水利设施，提高排涝功能。

四、四级地

（一）面积与分布

四级地综合评价指数为0.75～0.82，耕地面积为12138hm²，占全县耕地总面积的17.34%。其中水浇地6546.03hm²，占四级地面积的53.93%；旱地5514.29hm²，占四级地面积的45.43%；菜地77.68hm²，占四级地面积的0.64%（见表6-10）。

表6-10 四级地各土地利用类型面积

利用类型	评价单元(个)	面积(hm²)	占总耕地面积(%)	占四级地面积(%)
水浇地	538	6546.03	9.35	53.93
旱地	467	5514.29	7.88	45.43
菜地	13	77.68	0.11	0.64
合计	1018	12318	17.34	100

四级地主要分布在乡饮乡、华丰镇、磁窑镇和东庄乡，其中以在乡饮乡的分布面积最大，为3487.41hm²，占该镇耕地面积的79.16%，葛石镇、蒋集镇等也有部分分布。

(二)主要属性分析

四级地土壤有淋溶褐土、潮棕壤、典型棕壤和典型砂姜黑土等,表层质地以轻壤、中壤、沙壤为主,含有少量的砂土。土体构型主要有轻壤黏心、沙壤黏心、中壤黏心等,兼有部分薄层和中层,含有浅黏、夹砂姜的障碍层。微地貌类型主要为倾斜平地、近山阶地、缓阶地、坡岭梯田、沟谷梯田等。农田基础设施较好,灌排能力一般,灌溉保证率在30%以上。土壤养分含量较为理想,与前三级地相比差别不大(见表6-11)。

表6-11 四级地主要养分含量

项目	有机质(g/kg)	有效磷(mg/kg)	速效钾(mg/kg)	有效锌(mg/kg)	有效硼(mg/kg)
平均值	16.1	55.45	128.15	0.88	0.3
范围值	6.3～29	10～129.45	97.55～171.6	0.26～1.99	0.08～0.6
含量水平	较高	中偏上	中等	中等	中偏下

(三)存在问题

该级地土体构型中有较多的轻壤黏心和沙壤黏心,土壤通透性较差,不利于作物生长,灌溉保证率有待提高。

(四)改良利用

增施有机肥,深耕土壤,从而改良土壤表层质地和土体构型,提高土壤的物理、化学性能;改善土壤环境,提高雨水利用率,同时也要维护和建设水利设施,尤其是农田灌溉设施,大力推广节水灌溉,提高灌溉保证率;加大资金投入,完善基础设施,改善生产条件,使得中产田类型的产量能大幅提高。

五、五级地

(一)面积与分布

五级地综合评价指数为0.64～0.75,耕地面积为10731hm²,占全县耕地总面积的15.33%。其中水浇地3364.17hm²,占五级地面积的31.35%;旱地7329.27hm²,占五级地面积的68.31%;菜地37.56hm²,占五级地面积的0.35%(见表6-12)。

表6-12 五级地各土地利用类型面积

利用类型	评价单元(个)	面积(hm²)	占总耕地面积(%)	占五级地面积(%)
水浇地	340	3364.17	4.81	31.35
旱地	585	7329.27	10.47	68.31
菜地	9	37.56	0.05	0.35
合计	934	10731	15.33	100

五级地主要分布在葛石镇、磁窑镇、华丰镇和东庄乡,占以上各乡镇的耕地面积均以超过20%;在鹤山镇、堽城镇和乡饮乡等乡镇有少量或零星分布。

(二)主要属性分析

五级地土壤类型主要为典型棕壤、淋溶褐土、潮棕壤等,有少量湿潮土、潮土等。土壤表层质地以沙壤为主,兼有部分轻壤和中壤。土体构型主要为沙壤黏心和中层,兼有部分轻壤均质和薄层等。微地貌类型主要为缓阶地、岭坡梯田、坡麓梯田、近山阶地等,伴有部分倾斜平地、沟谷梯田和山坡梯田等。灌溉保证率较低,多为一水区和二水区。土壤养分含量较为理想(见表 6-13)。

表 6-13　五级地主要养分含量

项　目	有机质(g/kg)	有效磷(mg/kg)	速效钾(mg/kg)	有效锌(mg/kg)	有效硼(mg/kg)
平均值	16.7	59.18	128.17	0.77	0.32
范围值	7～32.6	13.89～121.77	97.26～209.56	0.15～1.86	0.09～0.86
含量水平	较高	中偏上	中等	中等	中偏下

(三)存在问题

一是土体构型中存在较多的中层,理化性状不良,土壤保水、保肥能力差,影响作物生长;二是灌溉保证率较低,需要进一步提高。

(四)改良利用

多施用有机肥,搞好过腹还田,提高土壤肥力;搞好农田基本建设,改善灌溉条件,提高灌溉保证率;在作物生长期增施各种主要养分,促进作物的稳产和增产;调整种植业结构,种植绿肥等,改善生态环境。

六、六级地

(一)面积与分布

六级地综合评价指数低于 0.64,仅为 4788hm^2,占耕地总面积的 6.84%。其中水浇地 479.28hm^2,占六级地面积的 10.01%;旱地 4308.72hm^2,占六级地面积的 89.99%(见表 6-14)。

表 6-14　六级地各土地利用类型面积

利用类型	评价单元(个)	面积(hm^2)	占总耕地面积(%)	占六级地面积(%)
水浇地	53	479.28	0.68	10.01
旱地	388	4308.72	6.15	89.99
合计	441	4788	6.83	100

六级地主要分布在宁阳县的东西两端,主要是东庄乡、鹤山乡和华丰镇,其中东庄乡六级地所占的耕地面积比例已达 49.69%,在葛石镇、磁窑镇等乡镇也有零星分布。

(二)主要属性分析

六级地土壤类型主要是典型棕壤和潮棕壤,兼有部分潮土和淋溶褐土等。土壤表层质地以沙壤和沙土为主,有少量轻壤土。土体构型多为中层,兼有部分薄层、极薄层、轻壤均质等。微地貌类型主要为山坡梯田、岭坡梯田、坡麓梯田、近山阶地和缓阶地等。灌溉保证率多为无水区。土壤养分较为理想(见表6-15)。

表6-15　六级地主要养分含量

项　目	有机质(g/kg)	有效磷(mg/kg)	速效钾(mg/kg)	有效锌(mg/kg)	有效硼(mg/kg)
平均值	12.9	40.17	137.72	0.68	0.3
范围值	6.7～28	11.32～113.81	87.70～173.1	0.17～1.29	0.13～0.8
含量水平	中偏上	中等	中等	中等	中偏下

(三)存在问题

一是土壤以沙壤或砂土为主,保水、保肥能力较差,影响作物生长;二是土体构型中存在较多中层,理化性状不良,影响作物生长;三是农田的灌溉水平较低,部分无灌溉条件,难以满足大田作物生长的需要。

(四)改良利用

多施用有机肥,培肥地力,改善土壤的理化性质;加强对农田基础设施的完善和维护,提高灌溉保证率;增施无机和有机肥料,改善土壤贫瘠的状况;抬高和加厚耕层,可以种植反季节蔬菜,以提高经济效益。

第七章　耕地资源信息系统

第一节　概　述

一、项目来源及目的意义

宁阳县耕地资源信息系统数据库建设工作是农业部沃土工程“科学施用化肥”即测土配方施肥工作的重要组成部分，是国家实现农业科学种田，促进粮食稳定生产，实现农业科学施肥经常化、普及化的重要工作，是实现农业耕地地力评价成果资料统一化、标准化的重要计划，是实现综合农业信息资料共享的技术手段。宁阳县耕地资源信息系统数据库建设工作是对最新的土地利用现状调查成果，第二次土壤普查的土壤、地貌等成果，本次耕地地力评价工作采集的土壤化学分析成果等进行汇总，建立一个集空间数据库和属性数据库的存储、管理、查询、分析、显示为一体的数据库，为科学种田及施肥、农业的可持续发展、深化农业科学管理工作服务的。

二、建库单位的组成

为加快宁阳县耕地资源信息系统数据库建设工作，依据农业部县域耕地资源信息系统数据库建设工作要求，由多年来一直从事农业测土施肥研究、耕地地力评价和对数据库建设工作有一定经验的单位组成联合工作组。

山东省土壤肥料总站：负责评价及建库工作组织、协调、标准制定、土壤图成果资料的归属核查处理等。

山东农业大学资源与环境学院：负责耕地地力评价图、土壤化学微量元素系列图及研究报告编制等。

山东天地亚太国土遥感有限公司：负责土地、土壤、矿化度、地貌、灌溉分区等图件扫描矢量化及几何校正处理等编图工作，以及耕地地力评价所有建库资料统一化、标准化处理，空间数据库和属性数据库建设，耕地地力评价成果图件修改编辑及图件输出，数据库建设报告编制等工作。

三、建库工作的软硬件环境

（一）主要硬件

P4 3.0 计算机 10 台，HP5000 和 HP3500 绘图仪各 1 台。

(二)主要软件

MAPGIS 6.7 软件 10 套，ARCGIS 9.2 软件 2 套，县域耕地资源信息系统软件 2 套，ENVI 4.6 遥感图像处理与分析软件 1 套。

第二节　建库内容及建库工作中主要问题的处理

一、建库的内容

依据农业部耕地地力评价工作数据库建设的要求，宁阳县耕地资源信息系统数据库建设工作包括空间数据库和属性数据库两部分内容。属性数据库严格按照县域耕地资源信息系统数据字典及建库县提供的有关数据编制。空间数据库包括土地利用现状图、土壤图、坡度图、灌溉分区图、地貌图、耕地地力调查点点位图、耕地地力评价等级图、土壤化学微量元素系列图等。

二、建库工作中的主要问题

宁阳县耕地资源信息系统数据库建设工作由于涉及的内容多，加之部分资料为第二次土壤普查的资料，与县域耕地资源信息系统数据字典的要求对比发现存在以下问题：

(1)第二次土壤普查的成果均为纸介质图，因图纸折叠和自然伸缩的影响，图件变形大，形成较大的误差。

(2)土地利用现状图为 2006 年以前的状况，近年来交通用地和蔬菜地等出现变化。

(3)宁阳县土壤图中的土种名称和编码与山东省土种归属要求、全国土种标准名称与编码等不一致。

(4)宁阳县的地貌图为微地貌图，与县域耕地资源信息系统数据字典中地貌划分的名称不能一一对应。

(5)同一个县已有资料的坐标系不统一问题，如第二次土壤普查图件为 1954 年北京坐标系，土地利用现状图或行政区划图为 1980 年西安坐标系等。

三、建库工作中主要问题的处理

(1)依据 1∶50000 标准分幅地形图，对所有建库的纸介质成果图全部进行几何校正处理，以消除纸介质成果图的误差。

(2)依据较新的航天卫星资料，对近年来变化的公路、铁路等进行修改补充。

(3)为使宁阳县土种的名称及代码与省标和国标相对应，在耕地资源信息系统数据库建设前，首先对土壤图中所有图斑内容进行检查统计，错漏问题交项目县修改并编制土种归属表，最后由省土肥站进行土种归属复查处理。在此基础上编制国标、省标、县土壤名称及代码对比表。为方便县域土壤图的利用和对比，建库后的图中仍保留了原县域土壤图的土种代码，属性挂接为国标代码。

(4)由于县域耕地资源信息系统数据字典中划分的地貌名称少，在建库时尽量选择与数据字典中相近的地貌名称进行编码，为方便地貌图的利用和对比，在地貌图中保留了原地貌图的名称和代码，图例中增加了建库数据字典中规定的地貌名称、代码与县原地貌名称、代码的对比表，属性挂接为数据字典中规定的地貌名称和代码。

(5)对同一个县已有资料坐标系不统一的问题，依据数据库建设要求，所有成果全部统一到高斯一克吕格投影、6度分带、1954年北京坐标系中。

第三节 数据库标准化

一、标准引用

县域耕地资源信息系统数据字典中规定的国标及行业有关技术标准如下：

1. GB/T 2260-2002 《中华人民共和国行政区划代码》
2. NY/T 309-1996 《全国耕地类型区、耕地地力等级划分》
3. NY/T 310-1996 《全国中低产田类型划分与改良技术规范》
4. GB/T 17296-2000 《中国土壤分类与代码》
5. 全国农业区划委员会 《土地利用现状调查技术规程》
6. 国土资源部 《土地利用现状变更调查技术规程》
7. GB/T 13989-1992 《国家基本比例尺地形图分幅与编号》
8. GB/T 13923-1992 《国土基础信息数据分类与代码》
9. GB/T 17798-1999 《地球空间数据交换格式》
10. GB/T 3100-1993 《国际单位制及其应用》
11. GB/T 16831-1997 《地理点位置的纬度、经度和高程的标准表示方法》
12. GB/T 10113-2003 《分类与编码通用术语》
13. GB/T 10114-2003 《县级以下行政区划代码编制规则》
14. GB/T 9648-1988 《国际单位制代码》
15. 农业部 《全国耕地地力调查与评价技术规程》
16. 农业部 《测土配方施肥技术规范(试行)》(2008年)
17. 农业部 《测土配方施肥专家咨询系统编制规范(试行)》
18. 山东省县域土种归属标准
19. 山东省县域耕地地力评价标准等。

二、空间坐标系及建库平台

(一)空间数据坐标系

投影:高斯一克吕格，6度分带。1954年北京坐标系，1956年黄海高程系。比例尺:1∶50000。

(二)数据库采集模板和数据库文件格式

为使所有建库资料达到统一化和标准化，以及满足所有成果图件的输出和耕地资源地力评价工作的需要，对建库资料的扫描矢量化和几何校正处理工作均采用MAPGIS平台，数据库的文件格式为MAPGIS的点、线、面文件。待数据库成果评审验收和修改后，将 MAPGIS 的点、线、面格式转换为 shape 格式，由 ARCGIS 平台进行数据库规范化处理，最后将数据库资料导入县域耕地资源信息系统。

第四节 数据库结构

一、空间数据库图层划分

空间数据库图层划分是严格按照县域耕地资源信息系统数据字典要求分层的，每层只反映属性相同的内容。宁阳县耕地资源信息系统数据库建设包括土地利用现状图、第二次土壤普查成果和耕地地力评价等三部分内容，其全省空间数据库图层划分情况如表 7-1 所示。

表 7-1 耕地资源信息系统空间数据库分层表

序号	图层代码	图层名称	序号	图层代码	图层名称
1	AD101	行政区划图	18	SP103	耕层土壤有效磷等值线图
2	AD102	县乡村位置图	19	SP104	耕层土壤速效钾等值线图
3	AD103	行政界线图	20	SP105	耕层土壤缓效钾等值线图
4	AD201	辖区边界图	21	SP106	耕层土壤有效锌等值线图
5	AD202	装饰边界图	22	SP108	耕层土壤有效钼等值线图
6	GE103	面状水系图	23	SP109	耕层土壤有效铜等值线图
7	GE104	线状水系图	24	SP110	耕层土壤有效硅等值线图
8	GE105	道路图	25	SP111	耕层土壤有效锰等值线图
9	GE201	坡度图	26	SP112	耕层土壤有效铁等值线图
10	GE203	地貌类型分区图	27	SP201	耕层土壤 pH 等值线图
11	LM102	灌溉分区图	28	SP113	耕层土壤交换性钙等值线图
12	LU101	土地利用现状图	29	SP114	耕层土壤交换性镁等值线图
13	SB101	土壤图	30		耕层土壤有效硫等值线图
14	SB203	地下水矿化度等值线图	31		耕层土壤水解性氮等值线图
15	SB302	耕地地力调查点点位图	32		耕地地力评价等级图
16	SP101	耕层土壤有机质等值线图	33		耕层土壤有效硼等值线图
17	SP102	耕层土壤全氮等值线图			

注：本表为山东省统一的分层情况，宁阳县为部分图件。

二、属性数据库结构

属性数据结构内容严格按县域耕地资源信息系统数据字典及建库县提供的资料编制，属性数据库结构如表 7-2 所示。

表 7-2 耕地资源信息系统属性数据库结构表

图 名	属性数据结构	字段类型
行政区划图	内部标识码:系统内部 ID 号	长整型,9
	实体类型:point,polyline,polygon	文本型,8
	实体面积:系统内部自带	双精度,19,2
	实体长度:系统内部自带	长整型,10
	县内行政码:根据国家统计局"统计上使用的县以下行政区划代码编制规则"编制	长整型,6
县乡村位置图	内部标识码:系统内部 ID 号	长整型,9
	实体类型:point,polyline,polygon	文本型,8
	X 坐标:无,Y 坐标:无	双精度,19,2
	县内行政码:根据国家统计局"统计上使用的县以下行政区划代码编制规则"编制	长整型,6
	标注类型:村标注,乡标注,县标注	字符串,6
行政界线图	内部标识码:系统内部 ID 号	长整型,9
	实体类型:point,polyline,polygon	文本型,8
	实体长度:系统内部自带	长整型,10
	界线类型:根据国家基础信息标准(GB13923-92)填写	文本型,40
辖区边界图	内部标识码:系统内部 ID 号	长整型,9
	实体类型:point,polyline,polygon	文本型,8
	实体面积:系统内部自带	双精度,19,2
	实体长度:系统内部自带	长整型,10
	要素代码:依据《国家基础地理信息数据分类与代码》编制要素代码	长整型,5
	要素名称:依据《国家基础地理信息数据分类与代码》编制要素名称	文本型,40
	行政单位名称:单位的实际名称填写	文本型,20
装饰边界图	内部标识码:系统内部 ID 号	长整型,9
面状水系图	内部标识码:系统内部 ID 号	长整型,9
	实体类型:point,polyline,polygon	文本型,8
	实体面积:系统内部自带	双精度,19,2
	实体长度:系统内部自带	长整型,10
	要素代码:依据《国家基础地理信息数据分类与代码》编制要素代码	长整型,5
	要素名称:依据《国家基础地理信息数据分类与代码》编制要素名称	文本型,40
	面状水系码:自定义编码	字符串,5
	面状水系名称:依据 2006 年 10 月版山东省地图册编制	字符串,20
	湖泊储水量:依据 1∶50000 地形图	字符串,8
线状水系图	内部标识码:系统内部 ID 号	长整型,9
	实体类型:point,polyline,polygon	文本型,8
	实体长度:系统内部自带	长整型,10
	要素代码:依据《国家基础地理信息数据分类与代码》编制要素代码	长整型,5
	要素名称:依据《国家基础地理信息数据分类与代码》编制要素名称	文本型,40
	线状水系码:自定义编码	长整型,4
	线状水系名称:依据 2006 年 10 月版山东省地图册编制	文本型,20
	河流流量:无	长整型,6

续表

图　名	属性数据结构	字段类型
道路图	内部标识码:系统内部 ID 号 实体类型:point,polyline,polygon 实体长度:系统内部自带 要素代码:依据《国家基础地理信息数据分类与代码》编制要素代码 要素名称:依据《国家基础地理信息数据分类与代码》编制要素名称 公路代码:根据国家标准《公路路线命名编号和编码规则命名与编号规则》编制 公路名称:根据国家标准《公路路线命名编号和编码规则命名与编号规则》编制	长整型,9 文本型,8 长整型,10 长整型,5 文本型,40 文本型,11 文本型 20
地貌类型分区图	内部标识码:系统内部 ID 号 实体类型:point,polyline,polygon 实体面积:系统内部自带 实体长度:系统内部自带 地貌类型:数据引用自"中国科学院生物多样性委员会　地貌类型代码库"(四类码)	长整型,9 文本型,8 双精度,19,2 长整型,10 文本型,18
灌溉分区图	内部标识码:系统内部 ID 号 实体类型:point,polyline,polygon 实体面积:系统内部自带 实体长度:系统内部自带 灌溉水源:县局提供数据 灌溉水质:无 灌溉方法:县局提供数据 年灌溉次数:县局提供数据 灌溉条件:无 灌溉保证率:无 灌溉模数:无 抗旱能力:无	长整型,9 文本型,8 双精度,19,2 长整型,10 文本型,10 文本型,4 文本型,18 文本型,2 文本型,4 长整型,3 双精度,5,2 长整型,3
土地利用现状图	内部标识码:系统内部 ID 号 实体类型:point,polyline,polygon 实体面积:系统内部自带 实体长度:系统内部自带 地类号:国土资源部发布的《全国土地分类》三级类编码 平差面积:无	长整型,9 文本型,8 双精度,19,2 长整型,10 长整型,3 双精度,7,2
土壤图	内部标识码:系统内部 ID 号 实体类型:point,polyline,polygon 实体面积:系统内部自带 实体长度:系统内部自带 土壤省标码:土壤类型省及县分类系统编码	长整型,9 文本型,8 双精度,19,2 长整型,10 长整型,8
地下水矿化度等值线图	内部标识码:系统内部 ID 号 实体类型:point,polyline,polygon 实体长度:系统内部自带 地下水矿化度:依据县级矿化度图实际数据填写	长整型,9 文本型,8 长整型,10 双精度,5,1

续表

图 名	属性数据结构	字段类型
耕地地力调查点点位图	内部标识码:系统内部 ID 号 实体类型:point,polyline,polygon X 坐标:北京 54 坐标系 Y 坐标:北京 54 坐标系 点县内编号 AP310102:自定义编号	长整型,9 文本型,8 双精度,19,2 双精度,19,2 长整型,8
行政区基本情况数据表	县内行政码 SH110102:根据国家统计局"统计上使用的县以下行政区划代码编制规则"编制 省名称:山东省 县名称:××市,××区,××县 乡名称:××乡,××镇,××街道 村名称:××村,××委员会 行政单位名称:××市,××区,××县,××乡,××镇,××街道,××村,××委员会 总人口:无 农业人口:无 非农业人口:无 国民生产总值 GNP:无	长整型,6 字符串,6 字符串,8 字符串,18 字符串,18 字符串,20 字符串,7 字符串,7 字符串,7 双精度,11,2 字符串,20
县级行政区划代码表	行政单位名称:××市,××区,××县,××乡××镇××街道××村××委员会 县内行政码 SH110102:根据国家统计局"统计上使用的县以下行政区划代码编制规则"编制	长整型,6 长整型 9
土地利用现状地块数据表	内部标识码:系统内部 ID 号 地类号:国土资源部发布的《全国土地分类》三级类编码 地类名称:国土资源部发布的《全国土地分类》三级类名称 计算面积:无 地类面积:无 平差面积:无 报告日期:无	长整型 9 字符串,3 字符串,20 双精度,7,2 双精度,7,2 双精度,7,2 日期型,10
土壤类型代码表	土壤省标码:土壤类型省标分类系统编码 土壤省标名:土壤类型省标分类系统名称	字符串,8 字符串,20
耕地地力调查点基本情况及化验结果数据表	灌溉水源:县提供数据 灌溉方法:县提供数据 调查点国内统一编号:自定义编号 调查点县内编号:自定义编号 调查点自定义编号 AP310103:自定义编号 调查点类型:耕地地力调查点 户主联系电话:区号-本地电话号码 调查人联系电话:区号-本地电话号码 调查人姓名:×× 调查日期:采集当天日期 ≥0℃积温:无	字符串,10 字符串,18 字符串,14 字符串,8 字符串,40 字符串,20 字符串,13 字符串,13 字符串,8 日期型,10 字符串,5

续表

图　名	属性数据结构	字段类型
	≥10℃积温:无	字符串,5
	年降水量:县提供数据	字符串,4
	全年日照时数:无	字符串,4
	光能辐射总量:无	字符串,4
	无霜期:县提供数据	字符串,3
	干燥度 CW210107:无	双精度,4,2
	东经:县提供数据	双精度,9,5
	北纬:县提供数据	双精度,8,5
	坡度:地形坡度海拔:海拔高度	双精度,6,1
	坡向:缺少数据	双精度,4,1
	地形部位:数据引用自 NY/T 309-1996《全国耕地类型区、耕地地力等级划分》和 NY/T 310-1996《全国中低产田类型划分与改良技术规范》	字符串,4
	田面坡度:依据田面实际坡度	字符串,50
	灌溉保证率:无	双精度,4,1
	排涝能力:无	字符串,3
	梯田类型:无	字符串,2
	梯田熟化年限:无	字符串,10
	保护块面积:无	字符串,3
	土壤侵蚀类型:无	双精度,7,2
	土壤侵蚀程度:无明显侵蚀,轻度侵蚀	字符串,8
	污染源企业名称:无	字符串,20
耕地地力调查点基本情况及化验结果数据表	污染源企业地址:无	字符串,50
	液体污染物排放量:无	字符串,50
	粉尘污染物排放量:无	双精度,6,1
	污染面积 LE220105:无	双精度,6,1
	污染物类型:无	双精度,9,2
	污染范围:无	字符串,20
	污染造成的损害:无	字符串,40
	距污染源距离:无	字符串,30
	污染物形态:无	字符串,5
	污染造成的经济损失:无	字符串,4
	省名称:山东省	字符串,9
	县名称:××市,××区,××县	字符串,8
	乡名称:××乡,××镇,××街道	字符串,18
	村名称:××村,××委员会	字符串,18
	户主姓名:××××	字符串,8
	土壤类型代码(国标):根据县提供数据填写	字符串,8
	土类名称(县级):县提供数据	字符串,20
	亚类名称(县级):县提供数据	字符串,20
	土属名称(县级):县提供数据	字符串,20
	土种名称(县级):县提供数据	字符串,20
	剖面构型:土层符号代码表、土层后缀符号代码表、剖面构型数据编码	字符串,10
	表是根据《中国土种志》整理	字符串,8
	质地构型:无	字符串,2
	耕层厚度:县提供数据	字符串,10
	障碍层类型:无	字符串,3

续表

图　名	属性数据结构	字段类型
耕地地力调查点基本情况及化验结果数据表	障碍层出现位置:无	字符串,3
	障碍层厚度:无	字符串,30
	成土母质:数据引用于《土壤调查与制图》(第二版),农业出版社	字符串,6
	质地:中壤土,重壤土,沙壤土	双精度,4,2
	容重:县提供数据	字符串,2
	田间持水量:县提供数据	双精度,4,1
	pH:依据土壤化学分析 pH 耕地地力等级评价成果填写	双精度,4,1
	CEC:依据土壤化学分析 CEC 值耕地地力等级评价成果填写	双精度,5,1
	有机质:依据土壤化学分析有机质值耕地地力等级评价成果填写	双精度,6,3
	全氮:依据土壤化学分析全氮值耕地地力等级评价成果填写	字符串,5
	全磷:依据土壤化学分析全磷值耕地地力等级评价成果填写	双精度,5,1
	有效磷:依据土壤化学分析有效磷值耕地地力等级评价成果填写	字符串,4
	缓效钾:依据土壤化学分析缓效钾值耕地地力等级评价成果填写	字符串,3
	速效钾:依据土壤化学分析速效钾值耕地地力等级评价成果填写	双精度,5,2
	有效锌:依据土壤化学分析有效锌值耕地地力等级评价成果填写	双精度,4,2
	水溶态硼:依据土壤化学分析水溶态硼值耕地地力等级评价成果填写	双精度,6,2
	有效硅:依据土壤化学分析有效硅值耕地地力等级评价成果填写	双精度,4,2
	有效钼:依据土壤化学分析有效钼值耕地地力等级评价成果填写	双精度,5,2
	有效铜:依据土壤化学分析有效铜值耕地地力等级评价成果填写	双精度,5,1
	有效锰:依据土壤化学分析有效锰值耕地地力等级评价成果填写	双精度,6,1
	有效铁:依据土壤化学分析有效铁值耕地地力等级评价成果填写	双精度,6,1
	交换性钙:依据土壤化学分析交换性钙值耕地地力等级评价成果填写	双精度,5,1
	交换性镁:依据土壤化学分析交换性镁值耕地地力等级评价成果填写	双精度,5,1
	有效硫:依据土壤化学分析有效硫值耕地地力等级评价成果填写	双精度,5,1
	盐化类型:无	字符串,20
	1m 土层含盐量:无	双精度,5,1
	耕层土壤含盐量:无	双精度,5,1
	水解性氮:依据土壤化学分析水解性氮值耕地地力等级评价成果填写	双精度,5,3
	旱季地下水位:无	字符串,3
	采样深度:县提供数据	字符串,7
耕层土壤有机质等值线图	内部标识码:系统内部 ID 号	长整型,9
	实体类型:point,polyline,polygon	文本型,10
	实体长度:系统内部自带	长整型,10
	有机质:依据土壤化学分析有机质值耕地地力等级评价成果填写	双精度,5,1
耕层土壤全氮等值线图	内部标识码:系统内部 ID 号	长整型,9
	实体类型:point,polyline,polygon	文本型,10
	实体长度:系统内部自带	长整型,10
	全氮:依据土壤化学分析全氮值耕地地力等级评价成果填写	双精度,4,2

续表

图　名	属性数据结构	字段类型
耕层土壤有效磷等值线图	内部标识码:系统内部ID号	长整型,9
	实体类型:point,polyline,polygon	文本型,10
	实体长度:系统内部自带	长整型,10
	有效磷:依据土壤化学分析有效磷值耕地地力等级评价成果填写	双精度,5,1
耕层土壤速效钾等值线图	内部标识码:系统内部ID号	长整型,9
	实体类型:point,polyline,polygon	文本型,10
	实体长度:系统内部自带	长整型,10
	速效钾:依据土壤化学分析速效钾值耕地地力等级评价成果填写	长整型,3
耕层土壤缓效钾等值线图	内部标识码:系统内部ID号	长整型,9
	实体类型:point,polyline,polygon	文本型,10
	实体长度:系统内部自带	长整型,10
	缓效钾:依据土壤化学分析缓效钾值耕地地力等级评价成果填写	长整型,4
耕层土壤有效锌等值线图	内部标识码:系统内部ID号	长整型,9
	实体类型:point,polyline,polygon	文本型,10
	实体长度:系统内部自带	长整型,10
	有效锌:依据土壤化学分析有效锌值耕地地力等级评价成果填写	双精度,5,2
耕层土壤有效钼等值线图	内部标识码:系统内部ID号	长整型,9
	实体类型:point,polyline,polygon	文本型,10
	实体长度:系统内部自带	长整型,10
	有效钼:依据土壤化学分析有效钼值耕地地力等级评价成果填写	双精度,4,2
耕层土壤有效铜等值线图	内部标识码:系统内部ID号	长整型,9
	实体类型:point,polyline,polygon	文本型,10
	实体长度:系统内部自带	长整型,10
	有效铜:依据土壤化学分析有效铜值耕地地力等级评价成果填写	双精度,5,2
耕层土壤有效硅等值线图	内部标识码:系统内部ID号	长整型,9
	实体类型:point,polyline,polygon	文本型,10
	实体长度:系统内部自带	长整型,10
	有效硅:依据土壤化学分析有效硅值耕地地力等级评价成果填写	双精度,6,2
耕层土壤有效锰等值线图	内部标识码:系统内部ID号	长整型,9
	实体类型:point,polyline,polygon	文本型,10
	实体长度:系统内部自带	长整型,10
	有效锰:依据土壤化学分析有效锰值耕地地力等级评价成果填写	双精度,5,1
耕层土壤有效铁等值线图	内部标识码:系统内部ID号	长整型,9
	实体类型:point,polyline,polygon	文本型,10
	实体长度:系统内部自带	长整型,10
	有效铁:依据土壤化学分析有效铁值耕地地力等级评价成果填写	双精度,5,1

续表

图　名	属性数据结构	字段类型
耕层土壤 pH等值线图	内部标识码:系统内部ID号 实体类型:point,polyline,polygon 实体长度:系统内部自带 pH:依据土壤化学分析pH耕地地力等级评价成果填写	长整型,9 文本型,10 长整型,10 双精度,4,1
耕层土壤 交换性钙 等值线图	内部标识码:系统内部ID号 实体类型:point,polyline,polygon 实体长度:系统内部自带 交换性钙:依据土壤化学分析交换性钙值耕地地力等级评价成果填写	长整型,9 文本型,10 长整型,10 双精度,6,1
耕层土壤 交换性镁 等值线图	内部标识码:系统内部ID号 实体类型:point,polyline,polygon 实体长度:系统内部自带 交换性镁:依据土壤化学分析交换性镁值耕地地力等级评价成果填写	长整型,9 文本型,10 长整型,10 双精度,5,1
耕层土壤 有效硫 等值线图	内部标识码:系统内部ID号 实体类型:point,polyline,polygon 实体长度:系统内部自带 有效硫:依据土壤化学分析有效硫值耕地地力等级评价成果填写	长整型,9 文本型,10 长整型,10 双精度,5,1
耕层土壤 水解性氮 等值线图	内部标识码:系统内部ID号 实体类型:point,polyline,polygon 实体长度:系统内部自带 水解性氮:依据土壤化学分析水解性氮值耕地地力等级评价成果填写	长整型,9 文本型,10 长整型,10 双精度,5,3
耕地地力 评价等级图	内部标识码:系统内部ID号 实体类型:point,polyline,polygon 实体面积:系统内部自带 等级(县内):‘120’	长整型,9 文本型,10 双精度,19,2 文本型,2
耕层土壤 有效硼 等值线图	内部标识码:系统内部ID号 实体类型:point,polyline,polygon 实体长度:系统内部自带 有效硼:依据土壤化学分析有效硼值耕地地力等级评价成果填写	长整型,9 文本型,10 长整型,10 双精度,4,2
土壤全盐 含量分布图	内部标识码:系统内部ID号 实体类型:point,polyline,polygon 实体长度:系统内部自带 全盐:依据土壤化学分析全盐值耕地地力等级评价成果填写	长整型,9 文本型,10 长整型,10 双精度,4,1
耕层土壤 有效镁 等值线图	内部标识码:系统内部ID号 实体类型:point,polyline,polygon 实体长度:系统内部自带 有效镁:依据土壤化学分析有效镁值耕地地力等级评价成果填写	长整型,9 文本型,10 长整型,10 长整型,2
耕层土壤 有效钙 等值线图	内部标识码:系统内部ID号 实体类型:point,polyline,polygon 实体长度:系统内部自带 有效钙:依据土壤化学分析有效钙值耕地地力等级评价成果填写	长整型,9 文本型,10 长整型,10 长整型,2

第五节 建库工作方法

一、数据库质量控制

数据库质量涉及三个方面的工作：一要满足耕地地力评价工作的需要；二要满足耕地资源信息系统数据库建设的需要；三要满足建库所有成果图件输出的需要。为满足以上要求，在数据库建设工作开展前，首先在有关国标、部标和行业标准的基础上，制定了统一的工作平台、工作方法和流程，成果图件图名、图例和色彩编制要求，成果质量检查工作方法。耕地地力评价基础性图件首先在建库单位初步检查后，交项目县进行全面检查和修改补充错漏内容，返回建库单位对所有成果图件安排专人进行全面检查和修改，从而保证了数据库的成果质量。

二、建库工作有关规定

为保证建库工作的按时及保质完成，成立建库项目组、质量检查组等。

建库项目组：设立技术负责人一人，全面负责建库工作有关规程的学习、日常建库工作安排、工作进度控制、质量检查、建库数据库资料汇总、MAPGIS 格式建库成果经 ARCGIS 规范化处理、导入县域耕地资源信息系统等工作。

质量检查组：安排具有工作经验的人员成立检查组，负责所有建库资料的质量检查及修改工作。

制定建库工作标准：在建库工作开始前，首先把建库图形子图的大小、线的粗细及线型、面的色彩搭配，图件分层，工作方法和流程下发到每一个建库工作人员手中，统一建库图形扫描矢量化的技术要求。

最终成果检查：所有成果图待评审验收后，依据专家意见，由建库组和耕地地力评价组依据专家进行成果图和数据库修改补充，最后输出成果图件和导入县域耕地资源信息系统。

三、建库资料精度及建库工作流程

（一）建库资料精度

为保证建库资料的数学精度，首先形成大于宁阳县范围的 1∶50000 标准图幅理论图框，拼接形成县域的 1∶50000 理论图框，以 1∶50000 标准分幅地形图为基础，在地形图和县域土地利用现状图上选择同名地物点（主要为农村道路交叉点等）为几何校正点，为保证县域图件的精度，选择不少于 30 个几何校正点，每一个几何校正点选择地形图附近的 4 个公里网交叉点，将其校正到县域的理论图框上，形成满足 1∶50000 精度要求的县域地理底图。以该图为基础，将所有建库成果图件校正到县域地理底图上。

（三）建库工作流程

第一步：首先按照建库工作的基本要求对土地利用现状、土壤、矿化度、灌溉分区、地貌、采样点位等图件进行扫描矢量化和几何校正处理，建库组错漏自查和交甲方进行错漏检查，返回建库组修改及编辑，拓扑检查，属性挂接处理等。

第二步：将以上成果交耕地地力评价组进行耕地地力评价工作。

第三步：耕地地力评价组将其评价成果资料再返回建库组，由建库组按照县域耕地资源信息系统数据库建设要求，对所有建库成果资料进行全面的质量检查及编辑处理、拓扑处理、属性挂接，最后由 MAPGIS—ARCGIS—县域耕地资源信息系统输出成果图件。

（三）主要空间数据库说明

行政区划图（地理底图）：以土地利用现状图为背景，分别提取乡镇、村庄、主要工矿企业建设用地及主要道路、河流、境界、行政区划等内容。参考地图或 1∶50000 地形图，对主要道路、双线河流等地物进行连接并加注地物注记。依据卫星影像等资料，对近年来增加的主要道路进行更新。

土壤图：依据土壤调查研究报告、土壤志、山东省土壤分类归属标准，编制土种归属对比表和国标、省标、县三级对比表图例。在土壤图上保留土壤图原始代码，属性挂接为国标代码，以满足部、省、县各级政府工作的需要。

地貌图：由于地貌图为微地貌图，为满足部、省、县各级政府使用及建库工作的需要，在地貌图中保留了原地貌代码，其属性尽量对应到数据字典中的名称及代码，在图例中增加了对比表，可满足各项工作的需要。

（四）属性库编制方法

严格按照建库数据字典中的要求及建库单位提供的资料编制各种成果图属性代码。

第六节 建库成果

宁阳县耕地资源信息系统数据库建设成果包括农业部规定格式的数据库和 MAPGIS 格式的成果共计 23 幅图（见表 7-3）。

表 7-3 宁阳县耕地资源信息系统数据库建设成果表

序号	成果图名称	备 注
1	宁阳县土地利用现状图	
2	宁阳县地貌图	
3	宁阳县土壤图	
4	宁阳县坡度图	
5	宁阳县耕地地力调查点点位图	
6	宁阳县灌溉分区图	
7	宁阳县土壤 pH 分布图	
8	宁阳县耕地地力评价等级图	
9	宁阳县土壤缓效钾含量分布图	
10	宁阳县土壤碱解氮含量分布图	

续表

序号	成果图名称	备 注
11	宁阳县土壤全氮含量分布图	
12	宁阳县土壤速效钾含量分布图	
13	宁阳县土壤有机质含量分布图	
14	宁阳县土壤有效磷含量分布图	
15	宁阳县土壤交换性钙含量分布图	
16	宁阳县土壤交换性镁含量分布图	
17	宁阳县土壤有效硫含量分布图	
18	宁阳县土壤有效锰含量分布图	
19	宁阳县土壤有效硼含量分布图	
20	宁阳县土壤有效铁含量分布图	
21	宁阳县土壤有效铜含量分布图	
22	宁阳县土壤有效锌含量分布图	
23	宁阳县土壤有效钼含量分布图	

宁阳县耕地资源信息系统数据库建设包括空间数据库和属性数据库两部分内容。空间数据库全部是按照县域耕地资源信息系统数据字典要求进行的。属性数据库由于部分资料难以收集到(如土地平差面积等),仅按照县域耕地资源信息系统数据字典要求编制了部分内容。再者,如耕地地力评价土壤采样点位图,利用 GPS 坐标展绘到地理底图上点与实际点位误差较大,达不到精度要求,所以耕地地力评价土壤调查采样点位图是依据野外采样点位图经扫描矢量化后形成的,属性挂接为 GPS 定点的坐标。

在数据库建设工作中,项目组虽然为了提高建库工作质量制定了相关的工作方法和技术要求,但由于建库人员水平不一,难免有错误之处,敬请指正。

第二篇 耕地改良与利用对策

第八章 耕地资源合理利用

第一节 利用与改良的耕地资源的现状与特征

一、现状分析

当前，随着测土配方施肥项目、现代农业项目、标准粮田建设项目及一系列土地整理项目的实施，全县耕地已被充分利用，如全县耕地面积，2010 年与 2007 年相比，增加了 11327hm^2。但增加的部分主要为废弃砖瓦窑及荒山、荒滩等的开发再利用，地力水平较低。对主要耕地资源的改良与利用也在按计划或规划有条不紊地开展，如实施的标准粮田建设项目，分别为东疏镇和伏山镇建设高标准粮田 1300hm^2 和 1000hm^2，现代农业项目为全县改良丰产粮田 2666.67hm^2。据不完全统计，近几年来，全县已改良高产地块 13333.33hm^2、中低产田 20000hm^2，复垦荒地废弃地 13333.33hm^2。土地改良也促进了粮食增产，据测算，对耕地改良可使粮食增产 10%～20%，经济作物增产 15%～30%。

二、特征分析

(一)集约化利用，农业生态环境得到明显改善

耕地生态环境质量的高低是保证农作物持续稳产、高产、优产、高效的重要前提。根据宁阳县资源优势以及生态环境的特点，因地制宜地利用耕地资源，通过合理轮作、科学间套种等措施增加复种指数，提高耕地资源利用率，如全县在 20 世纪 90 年代中期推广的小麦—玉米—花生一年“三作三收”模式就曾被山东省农业厅树为典型并向全省推广。同时，能实现多物种、多层次、多时序、多级质能、多种产业的有机结合，农、林、牧、副、渔并举，建立生态型可持续农业系统，达到经济、生态和社会效益的高度统一。如宁阳镇庙西村，全村现有奶牛 1000 多头，年产牛粪 7000m^3，所产牛粪一部分加工成食用菌，另一部分加工成生物菌肥，用在本村 53.33hm^2 的有机蔬菜生产基地上，剩余部分用于沼气池建设，既避免了环境污染，又有效改善了生态环境，实现了“资源(秸秆)—产品(牛奶)—废弃物

(粪便)—产品(有机蔬菜)—资源(秸秆)”的循环农业发展模式。

(二)养分应用向合理化发展

长期以来,全县在耕地开发利用上重利用、轻培肥,重化肥、轻有机肥。但随着广大农业科技人员的努力和一系列科技项目的实施,农民科技素质已有一定程度提高,已开始注重培肥地力,实行土壤用养结合,如现在秸秆还田比例逐年上升。从现在农民施肥种类和数量上也明显看出,已由过去单一施用氮肥转向采用秸秆还田。据统计,全县氮、磷、钾应用比例已从1981年的1∶0.3∶0.05转变到现在的1∶0.3∶0.41。施肥方式的转变保证了耕地资源长期丰产、稳产的可能性。

(三)土壤理化性状呈现出较好的变化

化验分析数据表明,经过改良的耕地土壤理化性状明显改善,土壤有机质提高了2～5g/kg,土壤中大量元素、中微量元素的结构比例均有了不同程度的改善,耕层土壤通透性增强,为作物根系下扎创造了有利的条件,土壤的团粒结构也得到较大改善,这使得土壤可耕性和可利用性大为增强。如蒋集镇添福村,经过五年前对全村黏性土壤进行压沙改良,使原本不能种植花生的土壤一举成为全县著名的麦套花生高产区。2010年,该村的0.67hm^2麦套花生平均亩产548.3kg,位居全省夏花生产量的领先地位。

由于土层薄,山区丘陵的旱薄地水土流失严重,农业生产效益较低。但在土壤改良时,全县上下执行一套行之有效的改良措施,实行生物措施与工程措施相结合、田间工程和蓄水保土耕作相结合、坡地治理与沟通治理相结合,发展节水农业、旱作农业,取得了良好效果。

第二节 耕地改良的实践与效果

耕地作为作物生长和获取产量的第一要素,在生产要素中始终居于较高的地位。根据全县的自然条件和经济条件并结合土壤资源及生产实践,1981年全国第二次土壤普查时,将全县土壤改良利用分区分为4个分区、11个副区(见表8-1)。近三十年来,由于各地生产条件、耕作模式和投入程度的不同,耕地资源、土地特征、肥力状况也发生了较大的变化。为促进农作物高产、增效,现根据当前最新耕地评价成果(2006～2009年),制定耕地资源合理改良和利用的实践方法。

一、耕地资源情况分析

1981年,全县土地总面积为112533.33hm^2,耕地面积为62233.33hm^2,占全县土地总面积的55.30%,全县人均占有耕地0.09hm^2,农业人口人均占有耕地0.09hm^2。2010年,耕地面积为70000hm^2,人均占有耕地0.09hm^2,农业人口人均占有耕地0.11hm^2,耕地资源保护利用效果较为明显。30年来,耕地面积增加了7766.67hm^2,增长12.48%,农业人口平均占有耕地增长22.22%。

在耕地保护方面,全县自1995年开始基本农田保护区的划定和保护工作。1997年底,全县耕地面积为68600hm^2,基本农田保护面积为60500hm^2,保护率为88.2%,到2010年,基本农田保护面积达到60873hm^2,保护率为90.1%,均呈现出增长的态势。

表 8-1 土壤改良利用分区表

区号	分区名	副区号	副区名	分区 面积 (hm^2)	分区 %	副区 面积 (hm^2)	副区 %	发展方向	主要生产问题	改良利用途径及措施
Ⅰ	沿汶河河潮土防风固沙翻黏改土农林区	$Ⅰ_1$	通体砂质河潮土防风固砂营造防护林区	5367.13	5.77	3463.24	3.73	营造用材林及灌木林	土质差,汛期雨水冲刷,不利于农业生产	植树种草、乔、灌、草结合,防风固砂,发展林牧业
		$Ⅰ_2$	砂壤质河潮土翻黏改砂,发展粮油区			1903.89	2.04	小麦、玉米、地瓜、花生	表层土壤质地砂性大,漏肥、漏水	深翻改土,改良表土质地,合理施肥、灌水、长地短浇,分期施肥,少吃多餐
Ⅱ	汶河以南平原褐土平整土地、培肥地力、发展粮油区	$Ⅱ_1$	褐土性土,植树造林水土保持区	40358.5	43.41	1066.56	1.15	植树造林,发展林牧业	土层薄,水土易流失	植树造林,封山育林,保持水土
		$Ⅱ_2$	褐土、淋溶褐土平整土地培肥地力,发展粮油区			8237.39	8.86	小麦、玉米、地瓜、花生	水资源差、配套不完善、肥力低	平整土地,增施肥料,培肥地力,扩大水源,完善水利配套系统
		$Ⅱ_3$	冲积潮褐土,科学种田,精种高产粮食区			16974.29	18.26	小麦、玉米	碳氮、氮磷比例失调、科学种田欠佳	增施有机肥料,合理使用化肥,注意各养分配合,提高科学种田水平
		$Ⅱ_4$	冲积、冲洪积河潮土,精种高产粮油区			14080.26	15.14	小麦、玉米、地瓜、花生	土壤养分含量低,管理较粗、科学种田水平低	增施有机肥,加强科学管理,力争粮油双丰收

续表

区号	分区名	副区号	副区名	分区		副区		发展方向	主要生产问题	改良利用途径及措施
				面积(hm^2)	%	面积(hm^2)	%			
Ⅲ	东部低山丘陵棕壤水土保持区	$Ⅲ_1$	棕壤性土封山造林保持水土,发展林牧区	35883.13	38.6	3066.15	3.3	营造次生林、发展松树、刺槐及牧草	荒坡岭、土体薄、坡度大	挖鱼鳞坑,植树种草,封山育林,保持水土
		$Ⅲ_2$	中层棕壤保土、保水、保肥,发展油果区			9128.39	9.82	花生、地瓜、大枣、柿子	无浇水条件,汛期水土肥易流失	修堰整平,低堰植树,保持水土,增施肥料,扩大,柿子,大枣面积
		$Ⅲ_3$	棕壤,平整土地,发展灌溉粮油区			14799.95	15.92	小麦、玉米、地瓜、花生	土地不平整、水利设施不完善、受干旱威胁	整修水库,完善水利设施,发展蓄水灌溉、蓄井并举
		Ⅲ4	潮棕壤、精种细管发展粮食区			8888.65	9.56	小麦、玉米、地瓜	土地不平整、肥力低、水利设施不完备	平整土地,加强水利设施,培肥地力,力争再高产
Ⅳ	涝洼地湿潮土,砂姜黑土培肥地力发展粮食区	Ⅳ	东南部与西北部,湿潮土,砂姜黑土防旱防涝增磷粮食区	11360.73	12.22	11360.73	12.22	小麦、玉米、地瓜	表土质地黏重、易旱易涝、水资源差,季节性积水,养分低	增施有机肥、重施磷肥,合理发展绿肥,用地养地结合,发展小井、深井,排灌结合

二、耕地地力变化情况分析

据1981年土壤普查资料，全县土地共分为五级，没有一级地，地力等级从二级地到六级地。到2010年，全县耕地面积为70000hm^2，一级地已从无到占耕地面积的27.55%，地力等级也从五个级别转变为一级地到六级地六个级别(见表8-2)。

表8-2 1981年与2010年地力评价结果面积比较

等级	1981年		2010年	
	面积（hm^2）	比例(%)	面积（hm^2）	比例(%)
一级地	0	0	19285	27.55
二级地	43913.33	47.2	7763	11.09
三级地	30466.67	32.8	15295	21.85
四级地	10993.33	11.8	12138	17.34
五级地	3460	3.7	10731	15.33
六级地	4133.33	4.4	4788	6.84

注：1981年面积数为可利用面积数，总面积为92966.67hm^2，当年耕地面积数为62233.33hm^2；2010年为耕地面积数。

从上述变化也可以看出，1981年主要以二级地和三级地为主，占到可利用面积的80%，2010年主要以一级地和三级地为主，占到耕地面积的49.4%。

从分布上看，前三等级(1981年为二、三两个等级)比重较大，均在60%以上，主要分布在中部及东北部地区，土壤质地为中壤、轻壤，耕层较厚，肥力高，坡度较缓。后三个等级分布较为分散，也是下一步改良利用的重点。

三、土壤理化性状变化情况

据1981年土壤普查统计，全县土壤肥力偏低，氮、磷比例失调。全县有机质含量平均为8.74g/kg，全氮为0.68g/kg，磷解氮为55.9mg/kg，速效磷为7.2mg/kg，速效钾为80.79mg/kg。全县有机质缺乏和极缺的土地占耕地面积的75%，占可利用面积的57.8%，氮含量不足或严重不足的土地占耕地面积的77.1%，缺磷和严重缺磷的土地占耕地面积的78.9%，占可利用面积的60.9%。全县氮磷比平均为7.7∶1，与2∶1的合理比例相比，差距很大。

据2008年土壤耕层养分化验数据统计，宁阳县土壤有机质平均含量为16.4g/kg，大棚蔬菜地土壤有机质平均含量为15.5g/kg，分别比1981年高87.64%和77.34%。全县耕地有机质含量较丰富(＞15g/kg)的面积占总面积的62.6%，与1981年土壤普查和1995年肥力监测结果相比，有了很大的提高，比1981年增加了7.7g/kg，比1995年增加了4g/kg。碱解氮达到了91mg/kg，分别比前两次增加了35mg/kg和2mg/kg；速效磷达到了49.7mg/kg，分别比前两次增加了42.5mg/kg和34.7mg/kg；氮磷比趋于协调，已由1981年的7.7∶1到1995年的4.8∶1，再到2008年的1.8∶1；速效钾达到了130mg/kg，分别比前两次增加了 44mg/kg 和 62mg/kg;中微量元素也有了较大程度的改善。

但二十多年来,一些耕地的土壤理化性状也呈现出不良的倾向。如土壤 pH,2008 年全县粮田耕层土壤偏酸(pH<6.5)的面积占耕地总面积的 50.84%,少数土壤酸化现象明显。土壤养分含量状况还比较差,微量元素含量较低,特别是有效硼含量偏低,全县耕地土壤培肥改良利用面积大,非改良区面积仅占耕地面积的 3%。

第三节 耕地资源合理利用的对策

要实现耕地资源的合理利用,就需按照国务院颁布实施的《全国土地利用总体规划纲要(2006～2020 年)》的规定要求。土地资源是最主要的自然资源,它不仅是任何物质生产不可替代的生产资料,也是人类生存必需的物质条件,土地利用的好坏直接关系到人类发展的前途。实现土地资源的可持续利用,必然会对可持续发展战略的全面推行奠定坚实的基础。

一、耕地资源可持续利用的总体目标

根据社会经济可持续发展总目标的要求,并结合宁阳基本实际情况和土地利用的现实情况,未来全县土地资源可持续利用的总目标是:在充分认识全县土地资源基本条件的基础上,逐步实现土地资源的稳定高效和永续利用。具体目标包括以下几个方面:

(1)保持一定数量的耕地,确保食物安全。首先要保证一定数量的土地资源长期用于耕作,以便持久地拥有粮、棉、油等主要农产品的生产能力,满足今后各阶段经济发展和人民生活不断增长的需要。

(2)保障工业化和城市化所必需的各项用地需要。在保证耕地生产能力不下降的前提下,通过各项措施,挖掘土地资源的潜力,保障必需的建设用地供应。

(3)提高土地资源的生产能力。土地是一种数量有限、稀缺程度极高的自然资源,靠增加数量来提高其可利用程度已经没有多大潜力可挖了,只有通过不断地改善土地质量、提高土地的生产能力,才能在数量有限的情况下保证土地资源的永续利用。

(4)保护和改善生态环境。土地资源的可持续利用不仅不会使原有的生态环境变坏,而且还使原来恶性化的环境状况随着土地利用的合理化得到有效的改善和治理,生态环境的总体状况将因土地利用的持续性而变得越来越适于人类生存和发展。

(5)建立良好的土地利用结构和布局。要根据全县资源总量、类型、情况以及经济发展水平,兼顾经济、社会和生态效益,因地制宜,积极而有步骤地调整不合理的用地结构和布局,使土地利用结构和布局永远处在综合效益最大化的动态优化状态中。

二、耕地资源可持续利用的对策

(一)控制人口增长,缓解人地矛盾

在土地资源难以增加的情况下,控制人口增长是实现人地平衡的根本措施。关于土地承载力的研究表明,在高投入水平下,2025 年以人均 450kg 粮食计算,中国的土地资源可养活 15.48 亿人;以人均 500kg 粮食计算,极限人口承载量为 16.6 亿人。据此类推,到

2025年，宁阳县的土地资源可养活132.6万人，极限人口承载量为119.4万人。如果去掉饲料用粮、工业用粮和种子用粮，每年要去掉25万～30万吨粮食，届时，宁阳县土地资源承载人口数量将在70万人左右，但人口仍在增长，人地矛盾将更加突出。由此可见，人口增长将成为持续发展最大的“瓶颈”。为此，控制人口增长是当前缓解人地矛盾、实现可持续发展的重要举措。

（二）加强农田基本建设，提高耕地生产力

农田基本建设主要应抓好以下几个方面的工作：①农田水利建设。要兴建一批大型骨干调水灌溉工程，修复、更新和完善原有的水利设施，还要注重发展节水灌溉，缓解农田用水供需矛盾。②中低产田改造。改造中低产田应以提高耕地质量等级为主要目标，基本消除制约土地生产能力的限制因素，培肥地力，改善农业基本条件。③促进农田装备的现代化。要继续推进农业机械化进程，大力推广适合于不同土地类型和经营方式的实用机械，加大管道系统和大棚温室等固定设施在农田装备中的比重。

（三）优化土地利用结构，调整布局

在土地利用结构和布局方面亟待进行的工作有：①城市建设用地结构调整。要在土地利用总体规划的基础上，结合城市规划进行城市用地结构调整，对城市的规模和用地面积进行重新核定。②乡镇企业用地清理。要在制定乡镇企业发展规划的基础上，通过产业调整，清理现有乡镇企业用地，清退不合理占地，走乡镇企业相对集中、集约用地、有序发展的道路。③农业生产的区域专业化。农产品生产区域化集中、专业化经营是提高土地利用效益、形成良好用地结构的重要策略。

（四）采取综合措施，改善生态环境

①应对工业生产的内外环境进行整治，行政、经济、法规三位一体，堵住土地污染和农业用水污染的源头，杜绝城乡工业“三废”的超标准排放，取缔污染严重而又难以改造的“四小”企业。②在对化肥、农药污染治理上，一要多肥种配合，并在生产前进行原料的精选；二要以高效、低毒、易分解的农药和生物农药代替高毒、低效且残留的农药；三要加强新肥、新药的研制和推广，达到低成本和少公害或无公害的目的。③要治理水土流失，可采取耕作措施、生物措施和工程措施三结合的方法，同时要植树种草和优化结构，使水土保持问题的解决得以统筹。④改革农村能源结构，根据各地能源资源、自然条件、居民生活水平、交通状况和消费结构等进行区划和规划，找出多种途径，发展农村新能源。⑤大力开展植树造林，实现大地园林化，搞好自然生态环境的良性循环，促使林地生态环境不断向高效平衡的方向发展。⑥要在国家统一规划下，适当扩大绿肥播种面积，增强农业投入，增施有机肥，牢固树立用地、养地相结合的观点，提高土地生产力。

（五）加大开发深度，保护耕地资源

①正确处理好建设与耕地保护的关系，对于经济发展占用耕地的理想目标是：以尽可能少地占用耕地面积，实现高度集约化的土地利用，使有限的农田绿地得以保存，从而满足社会对农产品增长的需要。非农占用耕地的扩大是在当前经济起飞的阶段中不可避免的，强行禁止的政策只能导致本地本应加快的城市化、工业化和现代化的进程被人为地推迟，关键是在建设过程中抵制乱征、乱占、滥用、浪费和撂荒耕地的倾向。②要建立专门机构，加强统一领导、规划和管理。③编制基本农田保护区规划和建设规划，经济要发展，耕

地要保护，都是不以人们主观意志为转移的经济发展的客观必然。有效克服经济建设与耕地保护之间的矛盾，划定基本农田保护区，统一规划布局，是一种切实可行的对策选择。一方面要制定和落实各类基本农田保护规划和耕地保护条例及有关政策，通过规划和立法的方式划定基本农田保护区，另一方面要编制经济建设与布局的总体规划，在基本农田保护区之外划定开发区，对各类开发区的建设数量、区域布点、占地规模、功能结构、开发性质等进行统一的界定。④对农户搬迁以后的旧庄基要及时收回，集体统一整修，并入基本农田，多渠道节约耕地。⑤对土地要因地制宜地进行科学开发和利用，宜农则农，宜林则林，宜牧则牧，宜工则工，开拓农业生产的新领域。

第九章　耕地改良利用分区

耕地是农业生产和农业可持续发展的重要基础，它维持着作物生产力、影响着环境的质量和动物、植物甚至人类的健康。自1979～1985年第二次土壤普查以来，随着农村经营体制、耕作制度、作物品种、种植结构、产量水平和肥料使用等方面的显著变化，耕地利用状况也发生了明显改变。近年来，虽然对部分耕地实施了地力监测，但至今对区域中低产耕地状况及其障碍因素等缺乏系统性、实用性的调查分析，使耕地利用与改良难以适应新形势下农业生产发展的要求。因此，开展区域耕地地力调查评价，摸清区域中低产耕地状况及其障碍因素，有的放矢地开展中低产耕地的科学改良利用，挖掘区域耕地的生产潜力，对于宁阳县耕地资源的可持续利用具有十分重要的意义。

第一节　耕地改良利用分区原则与分区系统

一、耕地改良利用分区原则

从耕地自然条件出发，主导性、综合性、实用性和可操作性相结合，按照因地制宜、因土适用、合理利用和配置耕地资源，充分发挥各类耕地的生产潜力，坚持用地与养地相结合、近期与长远相结合的原则进行，以土壤组合类型、肥力水平、改良方向和主要改良措施的一致性为主要依据，同时考虑地貌、气候、水文和生态等条件以及植被类型，参照历史与现状等因素综合考虑来进行分区。

二、耕地改良利用分区系统

根据耕地改良利用分区原则，将影响耕地利用的各类限制因素归纳为耕地自然环境要素、耕地土壤养分要素和耕地土壤物理要素，将全县耕地改良利用划分为3个改良利用类型区：耕地自然环境条件改良利用区、耕地土壤培肥改良利用区、耕地土体整治改良利用区，并分别用大写字母E、N和P表示。各改良利用类型区内，再根据相应的限制性主导因子续分为相应的具体改良利用亚类。

第二节　耕地改良利用分区方法

一、耕地改良利用分区因子的确定

耕地改良利用分区因子是指参与评定改良利用分区类型的耕地诸属性。由于影响的因素很多，根据耕地地力评价，遵循主要因素原则、差异性原则、稳定性原则、敏感性原则，进行限制主导因素的选取。考虑与耕地地力评价中评价因素的一致性、各土壤养分的丰缺状况及其相关要素的变异情况，选取耕地土壤有机质含量、耕地土壤有效磷含量、耕地土壤速效钾含量、耕地土壤有效锌含量和耕地土壤有效硼含量作为耕地土壤养分状况的限制性主导因子；选取灌溉保证率、坡度和有效土层厚度作为耕地自然环境状况的限制性主导因子；选取耕层质地条件和土体构型作为耕地土壤物理状况的限制性主导因子。

二、耕地改良利用分区标准

依据农业部《全国中低产田类型划分与改良技术规范》，根据山东省各县区耕地地力评价资料，综合分析目前全省各耕地改良利用因素的现状水平，同时针对影响宁阳县耕地利用水平的主要因素，邀请具有土壤管理经验的相关专家进行分析，制定了耕地改良利用各主导因子的分区及其耕地改良利用类型的确定标准（见表 9-1）。

表 9-1　　耕地改良利用主导因子分区标准

耕地改良利用区划	限制因子	代号	分区标准
耕地土壤培肥改良利用区(N)	有机质(o,g/kg)	No	＜12
	有效磷(p,mg/kg)	Np	＜15
	速效钾(k,mg/kg)	Nk	＜100
	有效锌(zn,mg/kg)	Nzn	＜0.5
	有效硼(b,mg/kg)	Nb	＜0.5
耕地自然环境条件改良利用区(E)	灌溉保证(i,%)	Ei	灌溉保障率低于 50%
	坡度(s,度)	Es	＞10°
	有效土层(d,cm)	Ed	＜60cm
耕地土体整治改良利用区(P)	耕层质地(t)	Pt	砂土、沙壤、粗骨土
	土体构型(c)	Pc	土体中有障碍层次

三、耕地改良利用分区方法

在 GIS 支持下，利用耕地地力评价单元图，根据耕地改良利用各主导因子分区标准，在其相应的属性库中进行检索分析，确定各单元相应的耕地改良利用类型，通过图面编辑生成耕地改良利用分区图，并统计各类型面积比例。

第三节　耕地改良利用分区专题图的生成

一、耕地土壤培肥改良利用分区图的生成

根据耕地土壤养分限制因素分区标准把宁阳县耕地有机质分为两类，即有机质改良利用区和有机质非改良利用区，有机质改良利用区以代号 No 标注；同样，有效磷改良利用区用代号 Np 标注，速效钾改良利用区用代号 Nk 标注，有效锌改良利用区用符号 Nzn 标注，有效硼改良利用区用代号 Nb 表示。编辑生成耕地土壤培肥改良利用分区图(见图 9-1)。

图 9-1　耕地土壤培肥改良利用分区图

二、耕地自然环境条件改良利用分区图的生成

根据耕地自然环境条件限制因素分区标准进行宁阳县耕地改良利用分区。灌溉保证条件分为灌溉保证条件改良利用区和灌溉保证条件非改良利用区，改良利用区用代号 Ei 标注；坡度条件分为坡度条件改良利用区和坡度条件非改良利用区，坡度条件改良利用区以代号 Es 标注；有效土层厚度分为有效土层改良利用区和有效土层非改良利用区，有效土层改良利用区以代号 Ed。标注结果如图 9-2 所示。

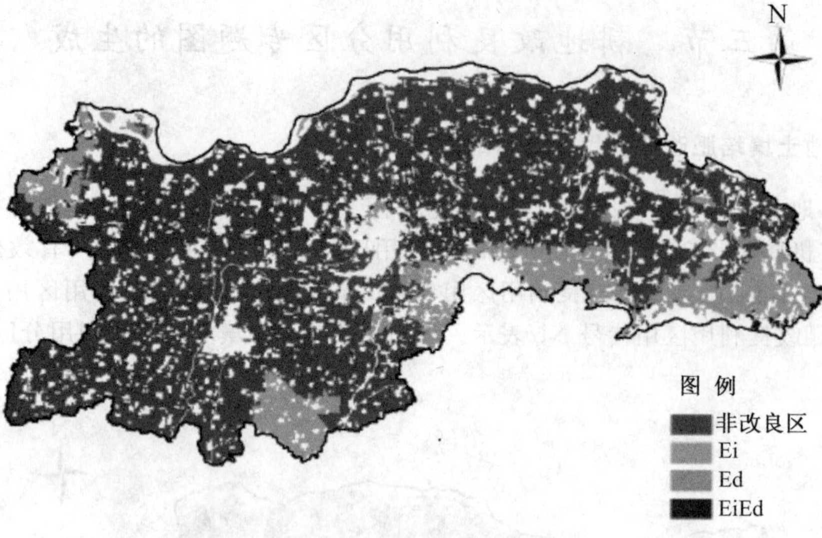

图 9-2 耕地自然环境条件改良利用分区图

三、耕地土体整治改良利用分区图的生成

根据耕地土地条件限制因素分区标准，耕地耕层质地条件改良利用区用符号 Pt 标注，耕地土体构型改良利用区用符号 Pc 标注。在 GIS 下检索生成耕地土体整治改良利用分区图(见图 9-3)。

图 9-3 耕地土体整治改良利用分区图

第四节 耕地改良利用分区结果分析

一、耕地土壤培肥改良利用分区面积统计及问题分析

宁阳县耕地土壤培肥改良利用分区面积统计如表 9-2 所示。

表 9-2 宁阳县耕地土壤培肥改良利用分区面积统计表

改良利用分区	Nb	NoNb	NznNb	NoNznNb	非改良区
面积(hm^2)	57596	7483	1946	1141	1834
百分比(%)	82.28	10.69	2.78	1.63	2.62

由图 9-1 和表 9-2 可以看出，宁阳县的土壤主要养分状况总体较差，非改良区耕地面积仅有 1834hm^2，占耕地总面积的 2.62%，主要分布在东疏镇，华丰镇、磁窑镇和堽城镇等乡镇也有少量或零星分布。

宁阳县土壤主要养分需要培肥改良的耕地分布比较广泛，县域内各个乡镇均需要进行不同程度的培肥改良，且土壤养分最突出的特点是耕地中缺乏硼元素。其中，单一缺乏有效硼的耕地面积为 57596hm^2，占耕地总面积的 82.28%；缺乏有机质和有效硼的耕地面积为 7483hm^2，占耕地总面积的 10.69%；缺乏有效锌和有效硼的耕地面积为 1946hm^2，占耕地总面积的 2.78%；缺乏有机质、有效锌和有效硼的耕地面积为 1141hm^2，占耕地总面积的 1.63%。从各类型面积比例看，宁阳县耕地土壤培肥改良的主要方向为增施硼肥和微量元素，同时应注重有机肥料的施用，逐步提高土壤有效硼和有机质等元素含量。

二、耕地自然环境条件改良利用分区面积统计及问题分析

宁阳县耕地自然环境条件改良利用分区面积统计如表 9-3 所示。

表 9-3 宁阳县耕地自然环境条件改良利用分区面积统计表

改良利用分区	Ei	Ed	EiEd	非改良区
面积(hm^2)	10906	168	406	58520
百分比(%)	15.58	0.24	0.58	83.6

由图 9-2 和表 9-3 可以看出，宁阳县耕地自然环境条件总体较好，由于自然环境条件受地势影响较大，因此，西部地势较为平坦的地区明显好于东部坡度较高的地区。在对宁阳县耕地自然环境条件分析的基础上，得出 83.6%的耕地面积不需改良，需要改良的面积占总面积的 16.4%，主要分布在宁阳县的西北部、东南部和南部。耕地环境条件较差的乡镇主要有鹤山乡、乡饮乡、葛石镇、磁窑镇、华丰镇和东庄镇。其中，只有灌溉保证水平需要改善的耕地面积为 10906hm^2，占耕地总面积的 15.58%；只有有效土层厚度需要

改善的耕地面积为168hm²，占耕地总面积的0.24%；灌溉保证水平和有效土层厚度都需改善的耕地面积为406hm²，占耕地总面积的0.58%。可见，宁阳县耕地自然环境条件改良利用的主要方向为改善该区耕地灌溉条件，尤其是南部乡饮乡、东部东庄乡和西北部鹤山乡等乡镇的灌溉条件，以提高灌溉保证率，其次，有效增加土层厚度，防止水土流失，保护耕层土壤。

三、耕地土体整治改良利用分区面积统计及问题分析

宁阳县耕地土体整治改良利用区各改良利用分区面积统计如表9-4所示。

表9-4　宁阳县耕地土体整治改良利用分区面积统计表

改良利用分区	Pt	Pc	PtPc	非改良区
面积(hm²)	11830	33257	8491	16422
百分比(%)	16.9	47.51	12.13	23.46

由图9-3和表9-4可以看出，宁阳县耕地土体结构整体较差，不需改良的耕地面积为16422hm²，仅占耕地总面积的23.46%，需要改良的面积占耕地总面积的76.54%，在县域内的各个乡镇均有部分或零星分布。土壤物理要素较差的乡镇有乡饮乡、磁窑镇、泗店镇、宁阳镇、蒋集镇、华丰镇、东疏镇和鹤山乡等。这些地区土壤耕层质地类型多为砂土或沙壤，需进行改良。总之，对于土壤物理要素较差的地区，宜采取秸秆还田、增施有机肥料等措施来改善偏砂的土壤表层质地，同时还应采取深耕等措施来改善不良的土体结构，这将是宁阳县耕地土体整治改良的主要方向。

第五节　耕地改良利用对策及措施

一、增加经济投入，加大耕地保护力度

农业是既要承担自然风险又有市场风险的弱质产业，保护农业是国民经济发展中面临的重大问题。由于调控体制不健全，受比较利益驱使，各层次资金投入重点向非农业倾斜，资金投入不足已成为农业生产发展的主要制约因素。要达到农业增产的途径就要增加耕地投入，加强中低产田改造，不断提高耕地的质量，从而提高耕地利用的经济效益。宁阳县宜进一步加强对耕地改良利用的投入，通过对耕地的改良，逐步消除制约耕地生产力的限制因素，培肥地力，改善农业生产条件和农田生态环境。

二、平衡施肥，用养结合，增施有机肥料，培肥地力

长期以来，宁阳县在耕地开发利用上重利用、轻培肥，重化肥、轻有机肥。虽然全区化肥的施用量逐年增加，但有机肥投入量却逐年减少，且投入的化肥以氮肥、磷肥为主，引起土壤养分特别是有效硼和微量元素含量的下降和矿质养分的失衡，导致耕地肥力下降。全县普遍存在有机质含量较低和微量元素特别是有效硼含量偏低等限制性因素，因此，宁

阳县要持续提高中低产耕地的基础地力，为农作物生长创造高产基础，必须将用土与养土妥善结合起来，广辟有机肥源，重视有机肥的施用，提倡冬种绿肥和使用有机—无机复混肥。同时应利用中低产耕地调查评价成果，科学指导化肥的调配，采用科学优化平衡施肥，重视合理增施钾肥和微肥，不断培肥地力，实现中低产耕地资源的永续利用。

三、加强水利建设，改善灌溉条件，注重农田基本设施建设

水是作物生长的必要条件，灌排条件与耕地的基础地力有着密切的关系。因而，可以通过采取以下措施来实现自然降水的空间聚集、改善区域农田的土壤水分状况、推广节水灌溉技术、改善和扩大灌溉面积。

(1)健全灌溉工程，改善灌区输水、配水设备，加强灌溉作业管理，改进地面灌溉技术，采用增产、增值的节水灌溉方法和灌溉技术。应加强水利建设，修筑田埂，防止水土冲刷，安排好水利规划工作，修好水渠，制止渗漏，加强管理，提高引灌水的利用率。

(2)人工富集天然降水，建造大、中、小型蓄水池、塘等蓄水体系，将集纳雨水、拦截径流和蓄水有效结合起来，在作物需水的关键时期进行灌溉，解决作物的需求和降水错位的矛盾，以充分发挥水分的增产效果。

(3)改善土壤结构，增加土壤的蓄水能力，通过对土壤增施有机物料(如施用有机肥、秸秆还田等)和应用土壤改良剂，改良土壤结构，增强土壤结构的稳定性，提高土壤对降水的入渗速率和持水量。

四、采用农业措施改良土壤质地、改善土体结构

宁阳县西部坡度较大的地区，耕地土壤限制性因素主要为土层薄、水土流失严重，要从调整土地利用结构和建设基本农田起步，改广种薄收为集约经营，改单一经营为农、林、牧、副全面发展，因地制宜，全面规划，综合治理，连续治理，实行生物措施与工程措施相结合、坡地治理与沟道治理相结合、田间工程和蓄水保土耕作相结合。在不宜种粮的粗骨土、棕壤性土、褐土性土上，因地制宜地大力发展果药土特产，在土层较厚的地方，可以发展果粮间作，以尽快提高经济效益，在交通不便的山区选种板栗、银杏等，在土层薄、水土流失严重的地方，应先种草、养畜，发展牧业生产。

五、集约化利用耕地资源，发展生态型可持续农业，改善生态环境

耕地生态环境质量的高低是保证农作物持续稳产、高产、优产、高效的重要前提。根据宁阳县资源优势以及生态环境的特点，因地制宜地利用耕地资源，通过合理轮作、科学间套种等措施，增加复种指数，努力提高耕地资源的利用率。注重多物种、多层次、多时序、多级质能、多种产业的有机结合，农、林、牧、副、渔并举，建立生态型可持续农业系统，达到经济、生态和社会效益的高度统一。此外，应重新审视耕地承包到户政策所致的耕地经营权分散在新形势下出现的不利于耕地资源规模集约经营的缺点，努力探讨建立“公司＋农户”或各种专业化合作组织等耕地规模集约经营模式，提高全区耕地资源的集约经营和经济效益。

第三篇　耕地培肥与可持续利用

第十章　作物施肥指标体系

宁阳县是农业大县，种植的主要农作物为小麦、玉米，一年两作，常年种植面积为87335.73hm^2，是全省重要的商品粮基地、粮食生产大县。建立农作物施肥指标体系，对于宁阳县粮食增产、农业增效、农民增收和农业生态环境改善有着重大的意义。多年的田间试验和肥效试验积累了大量的试验数据，通过对所得数据的积累分析，获得了宁阳县小麦、玉米的施肥指标体系。

第一节　田间试验的内容和方法

一、内容

建立测土配方施肥指标体系主要有三个方面的内容：一是相关研究。目的是用若干个参比标准值来考核每一种提取测定方法的结果，检验此法在这类土壤上是否可用。由于《测土配方施肥技术规范》已经对土壤测试方法进行了统一规范，因此，实质上目前的施肥指标体系研究中没有包括此项工作。二是建立土壤养分丰缺指标。即通过校验研究，对多年多点田间试验结果进行统计分析，得出作物相对产量和土壤养分测试值的数学关系，再以相对产量90%、75%、60%为标准，获得土壤养分丰缺等级指标。三是建立主要作物施肥模型和推荐施肥指标。通过田间试验，建立适合本区域的不同土壤、不同作物的施肥模型，确定相应的推荐施肥指标和技术参数。

二、方法

田间试验方法按照农业部《测土配方施肥技术规范》和《山东省测土配方施肥田间试验方案》进行，针对宁阳县实际情况进行适当调整。田间试验种类包括“3414”试验和肥料配方校正试验，试验均设3次重复，随机分组排列。

三、实施情况

项目期间(2006～2010年),为摸清主要耕地土壤的供肥性能、作物需肥规律和肥料增产效应,优化测土配方施肥技术参数,建立和完善测土配方施肥指标体系,共完成各类田间试验89个,其中小麦试验41个,玉米试验48个;“3414”试验42个,肥料配方校正试验47个。

第二节 各种指标的计算方法

一、养分丰缺指标

丰缺指标法是确定所测试田块种植作物的肥料养分经济合理施肥量的经典而实用的方法。该方法的关键是制定适合区域作物的施肥推荐指标体系,即区域土壤有效养分丰缺指标和区域作物肥料养分施用指标。建立区域施肥推荐指标体系,一是应用“3414”肥料效应试验结果,按相对产量分级法分析制定;二是采用综合分析统计法,即统计分析区域内各取样田块的土壤养分测试值、习惯施肥量与产量三者之间的相互关系,并参考相关历史成果资料,制定初步的指标体系,再依据此预定指标体系进行相关田间试验结果的验证修正。

建立养分指标的步骤:

(1)从所有试验中抽选包含$N_0P_2K_2$、$N_2P_0K_2$、$N_2P_2K_0$、$N_2P_2K_2$处理的试验,整理土壤养分和产量等基础数据。

(2)计算每处试验的相对产量(以磷为例)。

相对产量=100×缺素区($N_2P_0K_2$)产量/全肥区($N_2P_2K_2$)产量

(3)将每处试验的相对产量与土壤磷测定值配对。

(4)建立两者的函数关系。

(5)利用函数计算相对产量分别为:75%、90%、95%时对应的土壤养分值。

(6)建立土壤养分丰缺指标。

二、适宜施肥量

适宜施肥量,即田块内作物生长最合适的施肥数量,既能保证作物充分吸收,充分满足作物成长所需,又能确保不浪费。

计算作物适宜施肥量的步骤:

(1)首先逐点计算每处试验的适宜施肥量。通过散点图观察产量随施肥量的变化,看有无规律。如无规律,则暂时按该点不需施肥处理。

简单计算不同处理之间产量的差异。如不超过5%,则视为该点不需施肥,最佳施肥量为零。如施肥处理与不施肥处理产量的差异超过5%,但施肥处理间产量差异不超过5%,则最佳施肥量为最低设计施肥水平。

(2)如产量变化有规律,则进行一元回归分析。利用方案中的$N_0P_2K_2$、$N_1P_2K_2$、N_2

P_2K_2、$N_3P_2K_2$；$N_2P_0K_2$、$N_2P_1K_2$、$N_2P_2K_2$、$N_2P_3K_2$；$N_2P_2K_0$、$N_2P_2K_1$、$N_2P_2K_2$、$N_2P_2K_3$ 4个处理，分析最佳施氮量、施磷量、施钾量。

分析方法：Excel中散点图添加趋势线法。

利用回归方程计算最大、最佳施肥量。

最大施肥量：单位面积获得最高产量的施肥量，计算方法为 $dy/dx=0$。回归方程对 x 求导，等于0。

最佳施肥量：单位面积土地获得最佳经济效益的施肥量，计算方法为 $dy/dx=Px/Py$。回归方程对 x 求导，等于相应的纯养分与作物价格的比值。

设回归方程为 $y=ax^2+bx+c$

最大施肥量：$x=-\frac{b}{2a}$

最佳施肥量：$x=$(养分价格/作物价格$-b$)$/2a$

三、土壤养分利用系数

土壤养分利用系数＝缺素区作物养分吸收量/(该元素土壤测定值×0.15)

缺素区作物养分吸收量＝百千克产量养分吸收量×缺素区作物产量/100

对于磷、钾，因土测值与养分的表达形式不同，按上式计算后，还需再除以2.29(P)和1.20(K)。

主要作物百千克产量养分吸收量如表10-1所示。

表10-1　主要作物百千克产量养分吸收量

作物	N	P_2O_5	K_2O
小麦(kg)	2.8	1	2.4
玉米(kg)	2.5	0.9	2

四、耕地产量贡献率

地力产量贡献率(%)＝无肥区产量×100/(习惯)平衡施肥处理产量

平衡施肥增产率(%)＝(平衡施肥处理产量－习惯施肥区产量)×100/习惯施肥区产量

五、肥料施用效果评价指标

肥料是重要的农业生产资料。科学评价肥料施用效果，对于改进施肥技术、提高肥料资源利用效率、实现农业增产增效、保障农业可持续发展具有十分重要的意义。评价肥料施用效果的主要指标有肥料农学效率、肥料偏生产力等。

(一)肥料农学效率

1. 定义

肥料农学效率(AE)是指特定施肥条件下,单位施肥量所增加的作物经济产量。它是施肥增产效应的综合体现,施肥量、作物种类和管理措施都会影响肥料的农学效率。在具体应用中,施肥量通常用纯养分(如 N、P_2O_5和 K_2O)来表示,即氮肥农学效率通常是指投入每千克纯氮所增加的经济产量数量,磷肥农学效率通常是指投入每千克 P_2O_5所增加的经济产量数量,钾肥农学效率通常是指投入每千克 K_2O 所增加的经济产量数量。

2. 测土配方施肥的农学效率

选择测土配方施肥田间示范,利用每个田间示范的测土配方施肥区和空白区处理产量计算肥料农学效率。

$$AE_T=(Y_T-Y_C)/F_T$$

式中:Y_T 是指测土配方施肥区作物产量,单位为 kg/667m^2,Y_C 是指空白区产量,单位为 kg/667m^2,F_T 是指测土配方施肥区施肥量,即 N、P_2O_5和 K_2O 的总养分量,单位为 kg/667m^2。

3. 常规施肥的农学效率

选择测土配方施肥田间示范,利用每个田间示范的常规施肥区和空白区处理产量计算肥料农学效率。

$$AE_R=(Y_R-Y_C)/F_R$$

式中:Y_R 是指常规施肥区作物产量,单位为 kg/667m^2,Y_C 是指空白区产量,单位为 kg/667m^2,F_R 是指常规施肥区施肥量,即 N、P_2O_5 和 K_2O 的总养分量,单位为 kg/667m^2。

(二)肥料偏生产力

肥料偏生产力(PFP)是指施用某一特定肥料下的作物产量与施肥量的比值,是反映当地土壤基础养分水平和化肥施用量综合效应的重要指标。

$$PFP=Y/F$$

式中:PFP 是指肥料偏生产力,Y 是指施用某一特定肥料作物的产量,单位为 kg/667m^2,F 是指特定肥料纯养分(N、P_2O_5和 K_2O)的投入量,单位为 kg/667m^2。

1. 测土配方施肥的肥料偏生产力

选择测土配方施肥田间示范,利用每个田间示范的测土配方施肥区处理产量计算肥料偏生产力。

$$PFP_T=Y_T/F_T$$

式中:Y_T 是指测土配方施肥区作物产量,单位为 kg/667m^2,F_T 是指测土配方施肥区施肥量,即 N、P_2O_5和 K_2O 的总养分量,单位为 kg/667m^2。

2. 常规施肥的肥料偏生产力

选择测土配方施肥田间示范,利用每个田间示范的常规施肥区处理量计算肥料偏生产力。

$$PFP_R=Y_R/F_R$$

式中:Y_R 是指常规施肥区作物产量,单位为 kg/667m^2,F_R 是指常规施肥区施肥量,即 N、P_2O_5 和 K_2O 的总养分量，单位为 kg/667m^2。

第三节 小麦施肥指标体系

一、养分丰缺指标

首先整理出小麦试验地块相关小区的养分和产量基础数据，并计算得出氮、磷、钾相对产量（见表 10-2）。

表 10-2 小麦基础试验数据

碱解氮 (mg/kg)	有效磷 (mg/kg)	速效钾 (mg/kg)	试验类型	N、P、K 二水平用量	$2N_0P_2K_2$	$4N_2P_0K_2$	$6N_2P_2K_2$	$8N_2P_2K_0$	氮相对产量	磷相对产量	钾相对产量
92	24.9	90	不完全	15-8-7	419.4	436.6	484.2	458.4	86.62	90.17	94.67
107	68.9	145	不完全	15-8-7	428.2	403.1	441.3	437.3	97.03	91.34	99.09
68	66.1	73	不完全	15-8-7	437.6	483.3	505.3	472	86.6	95.65	93.41
92	16.3	72.6	不完全	15-8-7	436.8	447.1	450.3	422.8	97	99.29	93.89
93	22.9	90	不完全	15-8-7	404.7	399.4	451.2	413	89.69	88.52	91.53
89	17.3	92	不完全	15-8-7	385.7	412.4	406.9	432.4	94.79	101.35	106.27
110	26.4	97	不完全	15-8-7	488	454.7	511.4	452.4	95.42	88.91	88.46
53	10.1	71.3	不完全	15-8-7	355.7	380.2	395.8	412.4	89.867	96.06	104.19
92	15.1	86.3	不完全	15-8-7	369.1	388	383.5	421.3	96.25	101.17	109.86
90	14.7	86	不完全	15-8-7	381.3	402.4	414.7	434.7	91.95	97.03	104.82
89.4	17.3	91.6	不完全	15-8-7	388	424.7	465.8	420.2	83.3	91.18	90.21
92.9	19.1	91.3	不完全	15-8-7	460.2	500.3	536.9	510.3	85.71	93.18	95.05
70.2	8.7	69.2	不完全	15-8-7	346.8	380.2	543.6	486.9	63.8	69.94	89.57
110.4	26.4	96.8	不完全	15-8-7	520.3	496.7	543.6	486.9	95.71	91.37	89.57
91.7	15.1	86.3	不完全	15-8-7	395.8	454.7	488	450.2	81.11	93.18	92.25

小麦养分含量与相对产量产函数关系为：

$$y=8.3524\ln(N)+53.695, R^2=0.1224$$

$$y=17.143\ln(P)+36.533, R^2=0.7244$$

$$y=7.3069\ln(K)+59.688, R^2=0.2194$$

式中：y 为相对产量，N、P、K 为土壤速效养分含量。

小麦养分丰缺指标如表 10-3 所示。

表 10-3 小麦养分丰缺指标

养分种类	中等	较丰富	丰富
碱解氮	<77.22	77.22～140.51	>140.51
有效磷	<22.62	22.62～30.28	>30.28
速效钾	<63.33	63.33～125.55	>125.55

二、适宜施肥量(见表 10-4)

表 10-4 适宜施肥量

目标产量($kg/667m^2$)	N(mg/kg)	P_2O_5 土壤有效磷(mg/kg)			K_2O 土壤钾(mg/kg)		
		<15	15～30	>30	<75	75～100	>100
350	10～12	6～7	5～6	4～5	5	0	0
400	12～14	8	7	6	6	5	0
500	13～15	9	8	7	8	6	5

三、肥料施用效果评价指标(见表 10-5)

表 10-5 小麦肥料施用效果评价指标

试验地点	试验户姓名	土壤类型	测土配方施肥农学效率 AE_T	常规施肥农学效率 AE_R	测土配方施肥肥料偏生产力 PFP_T
宁阳镇庙东村	潘庆国	褐土	2.7	2.07	16.14
泗店镇薛村	薛培周	褐土	2.57	0.79	14.71
东疏镇老王庄村	王汝军	褐土	2.92	1.59	16.84
伏山镇前伏山	朱开文	褐土	1.45	0.04	15.01
乡饮乡杨庄村	颜廷俊	砂浆黑土	2.7	0.62	15.04
宁阳镇公堂村	胡伟	砂姜黑土	1.48	1.37	13.56
泗店镇泗庄村	谢清存	潮棕壤	3.33	1.26	17.05
东疏镇老王庄	王美	潮棕壤	2.26	1.19	13.19
乡饮乡杨庄村	严平胜	砂姜黑土	1.22	0.85	12.78
罡城镇西村	高广勇	潮棕壤	1.45	0.59	13.82
宁阳镇公堂村	胡硕亮	砂浆黑土	3	1.26	15.53
东疏镇老王庄	赵继美	潮褐土	3.67	2.11	17.9
堽城镇城西村	宁振廷	潮褐土	7.6	1.33	18.12

续表

试验地点	试验户姓名	土壤类型	测土配方施肥农学效率 AE_T	常规施肥农学效率 AE_R	测土配方施肥肥料偏生产力 PFP_T
泗店镇泗庄村	王瑞锋	潮褐土	2.89	0.89	18.12
乡饮乡杨庄	严廷勇	砂浆黑土	3.7	1.3	16.27
平　均			2.86	1.15	15.61

第四节　玉米施肥指标体系

一、养分丰缺指标(见表 10-6)

表 10-6　　**玉米基础试验数据**

碱解氮(mg/kg)	有效磷(mg/kg)	速效钾(mg/kg)	$2N_0P_2K_2$	$4N_2P_0K_2$	$6N_2P_2K_2$	$8N_2P_2K_0$	氮相对产量	磷相对产量	钾相对产量
90	52.9	130	618.1	623.6	649.2	611.4	95.21	96.06	94.18
86	36.5	123	609.2	619.2	648.1	628.1	93.99	95.54	96.91
72	55.4	94	605.9	620.3	638.1	614.8	94.95	97.21	96.35
79	34	98	584.7	611.4	639.2	608.1	91.47	95.65	95.13
96	25.4	89	607	615.9	639.2	613.6	94.96	96.35	95.99
90	52.9	130	561.4	573.6	609.2	553.6	92.15	94.16	90.87
86	36.5	123	591.4	587	633.7	595.9	93.32	92.63	94.04
72	23.4	81	626.1	636.4	695.9	558.8	89.97	91.45	80.30
89	27.3	92	572.5	582.5	613.6	580.3	93.30	94.93	94.57
86	36.5	123	567	574.7	608.1	561.4	93.24	94.51	92.32
60	30.3	140	523.2	519.2	619.4	517.3	84.47	83.82	83.52
91	21.9	117	651.4	591.6	679.1	528.6	95.92	87.12	77.84
80	18.7	136	508.8	521.4	560	556.4	90.86	93.11	99.36
69	13.2	98	441.7	459.4	540.9	520.3	81.66	84.93	96.19
76	18.3	137	560.4	562.7	629.3	589.4	89.05	89.42	93.66
61	21.4	119	496.8	547.5	565.7	526	87.82	96.78	92.98
76	44.1	77	523.8	536.2	588.1	571.8	89.07	91.17	97.23

玉米养分含量与相对产量函数关系为：

$$y=17.396\ln(N)+14.401, R^2=0.3112$$

$$y=6.5742\ln(P)+70.425, R^2=0.627$$

$$y=29.422\ln(K)-48.416, R^2=0.7777$$

式中：y 为相对产量，N、P、K 为土壤速效养分含量。

玉米养分丰缺指标如表 10-7 所示。

表 10-7　玉米养分丰缺指标

养分种类	缺乏	中等	较丰富	丰富
碱解氮	<32.57	32.57～77.15	77.15～102.84	>102.84
有效磷	<2.01	2.01～19.64	19.64～42.02	>42.02
速效钾	<66.33	66.33～110.44	110.44～130.9	>130.9

二、适宜施肥量（见表 10-8）

表 10-8　适宜施肥量

目标产量（$kg/667m^2$）	N（mg/kg）	P_2O_5 土壤有效磷（mg/kg）			K_2O 土壤钾（mg/kg）		
		<15	15～30	>30	<75	75～100	>100
400	10～12	0	0	0	5	0	0
500	12～14	2.5	1.5	0	6	5	5
600	14～16	4	3	2	8	8	6

三、肥料施用效果评价指标（见表 10-9）

表 10-9　玉米肥料施用效果评价指标

试验地点	试验户姓名	土壤类型	测土配方施肥农学效率 AE_T	常规施肥农学效率 AE_R	测土配方施肥肥料偏生产力 PFP_T
宁阳镇庙东村	潘庆国	褐土	3.85	1.3	27.05
泗店镇泗庄村	王瑞刚	褐土	5.14	1.3	27
东疏镇前村	黄现印	褐土	4.82	2.04	26.59
伏山镇施家村	邵勇	褐土	5.14	1.66	26.63
乡饮乡杨村	颜景玉	砂姜黑土	3.8	1.3	26.63
宁阳镇庙东村	潘庆国	褐土	4.49		24.37
泗店镇泗庄村	王瑞刚	褐土	3.6		25.35
东疏镇前村	黄现印	褐土	8.23		27.84

续表

试验地点	试验户姓名	土壤类型	测土配方施肥农学效率 AE_T	常规施肥农学效率 AE_R	测土配方施肥肥料偏生产力 PFP_T
堽城镇城西村	马龙	棕壤土	4		24.54
乡饮乡杨村	颜景玉	砂姜黑土	4.98		24.32
宁阳镇公堂村	胡伟	砂姜黑土	1.64	0.16	7.82
泗店镇泗庄村	王瑞刚	潮棕壤	2	0.16	8.57
东疏镇老王庄	高秀兰	潮棕壤	1.03	1.17	7.07
乡饮乡杨庄村	严平俊	砂姜黑土	1.45	0.53	6.83
堽城镇西村	王得利	潮棕壤	1.38	0.2	7.95
宁阳镇南许村	周学连	砂姜黑土	4.09	1.79	24.6
东疏镇老王庄村	王勤	潮褐土	4.4	2.85	25.57
平　均			3.77	1.21	20.51

第十一章　主要农作物测土配方施肥技术

第一节　小麦施肥技术

小麦是宁阳县主要粮食作物之一，常年播种面积为50879.8hm^2，是保障全县粮食战略安全的关键作物。小麦正常生长发育需氮、磷、钾、铁、锌、铜、锰等多种元素。在氮、磷、钾三要素中，相对需氮、钾较多，需磷较少。研究资料显示，小麦每形成100kg籽粒需要吸收纯氮2.8kg、五氧化二磷1kg、氧化钾2.4kg。需肥量随产量水平的提高而增加。一般麦田全生育期需要施纯氮180～225kg、五氧化二磷90～120kg，除中低产田地块外，一般还要配施钾肥(氧化钾)75～90kg(不同地力和产量水平的麦田肥料施用量参见表11-1)。锌、硼、锰等元素需根据土壤养分供应状况，因缺补缺，针对性使用。在分期使用上，按照小麦需肥返青前较少、起身到扬花期间最多、以后又逐步减少的规律，遵循“重施基肥，巧施追肥”的原则，合理调剂。

表11-1　小麦不同生产条件下的推荐施肥量

目标产量(kg/667m^2)	N(mg/kg)	P_2O_5 土壤有效磷(mg/kg)			K_2O 土壤钾(mg/kg)		
		＜225	225～450	＞450	＜1125	1125～1500	＞1500
5250	150～180	90～105	75～90	60～75	75	0	0
6000	180～210	120	105	90	90	75	0
7500	195～225	135	120	105	120	90	75

一、基肥

“麦喜胎里富，底肥是基础”。在整地前，一般每公顷施农家肥15～22.5吨，同时将30％～50％的氮肥、全部磷肥、50％～100％的钾肥基施。潮土区建议配施锌肥15kg，丘陵区建议配施锌肥15kg、硼肥7.5kg。施用时建议最好顺沟条施，并及时深翻。此法不便时，也可在耕地前均匀撒于地表，及时耕翻入土。

二、追肥

追肥一般在拔节期进行，以氮肥为主。氮肥追施量占总施量的50％～70％。小麦分蘖多、苗情好、长势旺盛时，可适当晚施，并减少施用量。弱苗麦田的追肥要提前至返青期，最好在返青期和孕穗期追肥 2 次。磷肥、钾肥基施不足的，也要通过追肥补充，但追施磷肥、钾肥应尽量提前至返青期，最好选用复合肥。追肥方法一般为用施肥耧隔行串施或穴施，深度为 7～10cm。土壤水分不足时，追肥后要及时浇水，浇水量为 $40m^3/667m^2$ 左右，不要大水漫灌。

叶面喷肥也是追肥的一种形式。在后期根系吸收能力较差时，叶面追肥更直接有效，同时能有效防治干热风的危害。叶面喷肥品种主要是尿素、磷酸二氢钾、微肥等，浓度为 0.5%～2%。喷施一般在早 8 点前、下午 5 点后或阴天进行，遇到喷后降雨时要重喷。

三、大力推广小麦配方肥

小麦基肥一般同时需要施用氮肥、磷肥、钾肥，有的还需要使用微肥。为使农民购肥和施用方便，国家通过测土配方施肥项目，将各种养分按需要量设计配方，组织企业生产了一些配方肥供农民选用。配方肥在配方设计上既考虑了小麦的营养特点，又考虑了土壤的养分供应状况，配比合理，使用方便，每公顷为 600～750kg。小麦配方肥不适合作追肥。应注意，配方肥使用有地域范围限制，购买时仔细阅读产品说明。

第二节　玉米施肥技术

玉米是宁阳县第二大粮食作物，常年播种面积为 $36455.93hm^2$，也是保障全县粮食战略安全的关键作物。玉米正常生长发育需氮、磷、钾、铁、锌、铜、锰等多种元素。在氮、磷、钾三要素中，相对需氮、钾较多，需磷较少。研究资料显示，玉米每形成 100kg 籽粒需要吸收纯氮 2.5kg、五氧化二磷 1.2kg、氧化钾 2kg，氮、磷、钾比例为 1∶0.48∶0.8，需肥量随产量水平的提高而增加。不同的品种产量水平略有差异。一般玉米全生育期每公顷需要施纯氮 150～240kg、五氧化二磷 45～75kg，还要配施氧化钾 75～120kg(不同地力和产量水平玉米肥料施用量参见表 11-2)。各发育阶段需肥量不同，从出苗到拔节，吸收氮 2.5%、有效磷 1.12%、有效钾 3%；从拔节到开花，吸收氮 51.15%、有效磷 63.81%、有效钾 97% ；从开花到成熟，吸收氮 46.35%、有效磷 35.07%、有效钾 0%。玉米营养最大概率期是大喇叭口期，磷素营养临界期在三叶期，氮素营养临界期比磷稍后，通常在营养生长转向生殖生长的时期。临界期对养分需求并不大，但养分要全面、比例要适宜。锌、硼、锰等元素需根据土壤养分供应状况，因缺补缺，针对性使用。在分期使用上，按照玉米需肥拔节前较少、拔节到大喇叭口期间最多、以后又逐步减少的规律，合理调剂基肥和追肥的比例。

表 11-2 玉米不同生产条件下的推荐施肥量

目标产量 ($kg/667m^2$)	N (mg/kg)	P_2O_5			K_2O		
		土壤有效磷(mg/kg)			土壤钾(mg/kg)		
		<225	225~450	>450	<1125	1125~1500	>1500
6000	150~180	0	0	0	75	0	0
7500	180~210	37.5	22.5		90	75	75
9000	210~240	60	45	30	120	120	90

一、基肥

在整地前,同时将 30%左右的氮肥、全部磷肥、50%以上的钾肥基施,有条件的地方每公顷可配施有机肥 15000~22500kg。可结合犁地起垄一次施入播种沟内,使肥料施到 10~15cm 的耕层中。潮土区每公顷建议配施锌肥 15kg。施用时最好顺犁沟条施,并及时深翻。此法不便时,也可在耕地前均匀撒于地表,及时耕翻入土。不便施基肥的地块可在苗期串施或穴施,施用深度为 7~10cm。

二、追肥

追肥总量为总施氮量的 60%及钾肥的 50%。追肥一般分两次进行,拔节后 10 天和玉米抽雄前 10~15 天的大喇叭口期两次追施,前轻后重(比例为 2∶3)。一次性施肥的地块,可在大喇叭口初期一次追施。追肥方法可以条施,也可以穴施,施肥深度为 7~10cm,施后要及时覆土。土壤水分不足时,追肥后要及时浇水,但不要大水漫灌。

第三节 花生施肥技术

花生是宁阳县主要的经济作物之一,在宁阳农业中占有重要的地位。

一、需肥规律

花生对氮素的需求较禾谷类作物高,每生产 100kg 荚果需要吸收纯氮(N)(5.54±0.68)kg、纯磷(P)(1±0.18)kg、纯钾(K)(2.65±0.55)kg、钙素(CaO_2)(1.5~3.5)kg,每同化 15 份氮素约需 1 份硫素。花生对微量元素硼、钼、铁较为敏感。在含碳酸钙较多且 pH 较高的土壤上,较易出现缺铁黄花现象。

(一)肥料

1. 有机肥料

有机肥料全部用作基肥。有机肥料作基肥施用的方法主要有两种,若有机肥料的数量较大但质量较差(腐熟不好)时,应当均匀撒施,通过耕翻混入土壤,以有利于有机肥料的分解和根系的吸收。若有机肥料的质量较好但数量不多时,可结合起垄将有机肥料集中施于花生的种植行下,也可结合花生播种将有机肥料集中施于花生的栽培穴(注意与土壤混合)，以有利于发挥肥效。一般高产田建议使用有机肥料(45000±7500)kg/hm^2，中低产田建议使用(52500±7500)kg/hm^2。

2. 化肥

一般情况下，化肥绝大多数用作基肥。花生虽然可通过根瘤菌固定大气中的氮素，但对氮肥仍有一定需求。花生增施磷肥可促进根瘤菌共生固氮，起到以磷增氮的作用。钾肥的施用对花生的生长发育和根瘤菌的共生固氮也具有促进作用，一般在中低产条件下，钾素的供应主要靠施用钾肥来满足。春播花生生育期较长，产量较高，一般荚果产量为3750～5250kg/hm^2，需要施用N(90～120kg/hm^2)、P_2O_5(90～120kg/hm^2)、K_2O(120～150kg/hm^2)；夏播花生荚果产量为3000～4500kg/hm^2，需要施用N(60～90kg/hm^2)、P_2O_5(60～90kg/hm^2)、K_2O(90～120kg/hm^2)。

3. 微肥

常用的钼肥有钼酸铵、钼酸钠，一般用量为每公顷30～45kg，拌种时用40℃的热水溶解，加水稀释后拌种，根外喷施浓度为0.1%～0.15%的溶液750kg。常用的硼肥有硼砂和硼酸。硼砂作底肥时，每公顷用4.5～15kg与干土或有机肥混施。硼砂浸种浓度为0.02%～0.05%，浸种4～6h，喷肥时每公顷可用0.1%～0.25%的硼砂溶液750kg，连续2～3次，每次间隔7～10天。锌肥有硫酸锌，用作基施，每公顷用硫酸锌30～45kg，根外喷施浓度为0.1%～0.2%的溶液750kg。锰肥有硫酸锰，可基施，每公顷用硫酸锰15～30kg，与其他肥料均匀混合作底肥。用作浸种时，用0.1%的硫酸锰溶液浸种4～6h。用作拌种时，每千克种子用50kg硫酸锰溶液喷施。在石灰性土壤上为防止花生出现缺铁失绿症，应施用硫酸亚铁(15～30kg /hm^2)作底肥，或者每公顷叶面喷施浓度为0.2%～1%的硫酸铁溶液750kg。

4. 微生物肥料

播种前每公顷按根瘤菌和根瘤促进剂各7.5kg的数量均匀混合，随拌随播。常用的微生物肥料有单一菌剂(磷细菌、钾细菌、硅酸盐细菌、VA菌根、根瘤菌、光合细菌等)和复合菌剂(微生物－微量元素复合菌剂、联合固氮菌剂、多菌株多营养生物复合肥、微生物发酵工程有机菌肥)。

第四节　保护地施肥技术

一、蔬菜需肥的共同特点

(1)养分需要量大。蔬菜的生物学产量高，所以每公顷需肥量要比粮食作物多，如蔬菜平均吸氮量比小麦高4.4倍，吸磷量高0.2倍，吸钾量高1.9倍，吸钙量高4.3倍，吸镁量高0.5倍。

(2)带走的养分多。蔬菜茎叶中的氮、磷、钾含量分别是粮食作物的6.52倍、7.08倍、2.32倍；籽实或可食器官的氮、磷、钾含量分别是粮食作物的2.04倍、1.49倍、6.91倍。所以，收获的蔬菜产品从土壤中带走的养分多。

(3)对某些养分有特殊需求。①喜硝酸态氮；②对钾、钙需求量大；③对硼和钼比较敏感。

二、不同蔬菜氮、磷、钾需要数量及比例（见表 11-3）

表 11-3　　不同蔬菜氮、磷、钾需要数量及比例

蔬菜类型	品　种	养分需要量（kg/1000kg 产品）			$N:P_2O_5:K_2O$
		N	P_2O_5	K_2O	
瓜类	黄瓜、西葫芦、南瓜、丝瓜等	4.1	2.3	5.5	1∶0.6∶1.3
茄果类	番茄、茄子、甜椒等	3.18	0.74	4.38	1∶0.2∶1.5
白菜类	结球白菜、小白菜、油菜等	0.8～2.6	0.8～1.2	3.2～3.7	1∶0.5∶1.7
绿叶菜	菠菜、莴苣、芹菜等	2.55	1.36	3.67	1∶0.5∶1.4
豆类	芸豆、豆角、毛豆等	9	2.25	6.83	1∶0.3∶0.8

三、保护地主要蔬菜平衡施肥方案

由于保护地土壤肥力状况差异很大，各地的施肥习惯和施肥水平千差万别，在指导农民施肥时，各地应根据土壤养分测试结果、种植作物种类、种植年限、产量水平、施肥习惯等制定科学的施肥方案。现仅就全县保护地栽培的一般情况，提出一些参考性意见。

（一）黄瓜

1. 新棚

目标产量：每公顷 105000～120000kg。

有机肥（腐熟鸡粪或优质圈肥）：每公顷 60000～90000kg，全部作基肥施用。

化肥：每公顷氮 675～825kg、五氧化二磷 600～675kg、氧化钾 825～975kg、多元微肥 3～4.5kg。

施用方法：①基施。20％的氮、30％的磷、30％的钾用作基肥，剩余的用作追肥。②追施。结瓜前期和后期每隔一次水追一次肥，结瓜盛期每浇一次水追一次肥。每次追肥为氮 39～46.5kg、五氧化二磷 30～34.5kg、氧化钾 42～49.5kg。分别在初花期和盛果期叶面喷施多元螯合微肥，喷施浓度为 0.1％。

2. 3 年以上的棚

目标产量：每公顷 150000～180000kg。

有机肥（腐熟鸡粪或优质圈肥）：每公顷 60000～75000kg，全部作基肥施用。

化肥：每公顷氮 825～975kg、五氧化二磷 450kg、氧化钾 675～825kg。

施用方法：①基施。20％的氮、20％的磷、30％的钾用作基肥，剩余的用作追肥。②追施。结瓜前期和后期每隔一次水追一次肥，结瓜盛期每浇一次水追一次肥。每次追肥为氮 46.5～55.5kg、五氧化二磷 25.5kg、氧化钾 34.5～42kg。

（二）番茄

1. 新棚

目标产量：每公顷 60000～90000kg。

有机肥(腐熟鸡粪或优质圈肥):每公顷 75000～90000kg,全部作基肥施用。

化肥:每公顷氮 600kg、五氧化二磷 450kg、氧化钾 750kg、锌肥 15～30kg、硼肥 7.5kg。

施用方法:①基肥。30%的氮、50%～60%的磷、60%的钾、15～30kg 的硫酸锌、7.5kg 的硼酸或硼砂用作基肥。②追肥。苗期每公顷追氮 60kg,开花坐果后追氮 105kg,以后每采一次果追一次肥。每次追氮 42kg、五氧化二磷 30～37.5kg、氧化钾 49.95kg。期间,有条件地适当追施腐熟好的有机肥料。连续喷施 2～3 次钙肥,一般喷硝酸钙或螯合钙肥,喷施浓度为 0.1%。在盛果后期还可进行叶面喷肥,采用 0.3%～0.5%的尿素、0.5%～1%的磷酸二氢钾混合液喷洒。

2. 3 年以上的棚

目标产量:每公顷 90000～120000kg。

有机肥(腐熟鸡粪或优质圈肥):每公顷 60000～75000kg,全部作基肥施用。

化肥:每公顷氮 525～675kg、五氧化二磷 330～420kg、氧化钾 525～675kg。

施用方法:30%的氮、30%的磷、20%的钾用作基肥,剩余的肥料追施。每次追氮 61.5～79.5kg、五氧化二磷 39～49.5kg、氧化钾 70.5～90kg。

(三)甜椒

1. 新棚

目标产量:每公顷 52500～67500kg。

有机肥(腐熟鸡粪或优质圈肥):每公顷 60000～75000kg,全部作基肥施用。

化肥:每公顷氮 600～675kg、五氧化二磷 450～525kg、氧化钾 600～675kg。

施用方法:30%的氮、40%的磷、40%的钾用作基肥,剩余的用作追肥。结果期每浇一次水追一次肥,每次用氮 52.5～58.5kg、五氧化二磷 34.5～39kg、氧化钾 45～51kg。

2. 3 年以上的棚

目标产量:每公顷 60000～75000kg。

有机肥(腐熟鸡粪或优质圈肥):每公顷 60000～75000kg,全部作基肥施用。

化肥:每公顷氮 675～825kg、五氧化二磷 375kg、氧化钾 600～675kg。

施用方法:30%的氮、30%的磷、20%的钾用作基肥,剩余的肥料每浇一次水追施一次,每次追氮 58.5～72kg、五氧化二磷 33kg、氧化钾 60～67.5kg。

第四篇　专题报告

专题一　宁阳县耕地土壤有机质及三大元素含量现状、变化与评价

1981年，宁阳县开展了第二次土壤普查工作，查明了土壤类型、数量和分布情况及土壤养分含量，为农业的综合开发和农业结构调整提供了科学依据。近三十年来，由于种植制度、耕作措施、施肥水平等都发生了较大的变化，促使土壤的养分状况发生了较大的变化。宁阳县是粮食生产大县，及时了解土壤养分的变化情况并分析其原因，对于提高土地生产能力具有重要的意义。结合第二次土壤普查数据和自实施测土配方施肥项目以来所获取的大量数据，对全县耕地土壤有机质及三大元素含量的变化进行分析，以期为科学用肥、培肥土壤、合理利用改良土壤提供科学依据。

一、样品采集及化验分析

(一)样品采集

自2006年实施测土配方施肥项目以来，全县按照项目的要求，综合分析土地利用现状图、行政区划图、土壤图、土壤普查资料及化肥使用情况，按照先布点后取样的原则，每年秋季在全县12个项目乡镇进行土样采集，6年来共采集土壤样品9617个。

(二)土样化验

土壤样品的化验分析严格按照《土壤养分分析操作规程》和项目的要求，全量化验了土壤有机质及速效磷、速效钾，减量化验了土壤碱解氮。化验方法为：土壤有机质用油浴加热重铬酸钾氧化—容量法，有效磷用碳酸氢钠提取—钼锑抗比色法，缓效钾用硝酸提取—火焰光度法，速效钾用乙酸铵提取—火焰光度法。

二、土壤有机质及三大元素含量现状

(一)土壤有机质概况

2008年，宁阳县共化验土壤有机质3503个，平均含量为16.2g/kg，其中粮田样品3002个、蔬菜地样品501个。根据土壤耕层养分化验数据统计，粮田土壤有机质平均含量为16.4g/kg，蔬菜地土壤有机质平均含量为15.5g/kg。全县耕地土壤有机质含量较

丰富(＞15g/kg)的面积占耕地总面积的62.6%。从土壤类型分布看,分布在南部洼地处的砂姜黑土土壤有机质含量最高,其次为西部平原的潮褐土、潮棕壤土类,分布在山区较高部位的淋溶褐土土壤有机质含量最低。大棚蔬菜地土壤有机质含量略低于粮田土壤有机质含量。

(二)土壤碱解氮概况

2008年,宁阳县共化验土壤碱解氮2119个,平均含量为95mg/kg,其中粮田样品1962个、蔬菜地样品157个。根据土壤耕层养分化验数据统计,粮田土壤碱解氮平均含量为91mg/kg,蔬菜地土壤碱解氮平均含量为147mg/kg。全县耕地土壤碱解氮含量高于90 mg/kg的面积占耕地总面积的45.74%。从土壤类型分布看,潮土平均含量最高,其次为潮褐土、潮棕壤,淋溶褐土最低。全县近50%的面积处于中等偏低水平。蔬菜地土壤碱解氮含量明显高于粮田土壤碱解氮含量。

(三)速效磷概况

2008年,宁阳县共化验土壤速效磷3503个,平均含量为50.2 mg/kg,其中粮田样品3002个、蔬菜地样品501个。根据土壤耕层养分化验数据统计,粮田土壤速效磷平均含量为49.7mg/kg,蔬菜地土壤速效磷平均含量为54.1mg/kg。全县耕地土壤速效磷含量丰富(＞30 mg/kg)的面积占耕地总面积的85.21%。低于20mg/kg的面积仅占耕地总面积的2.2%。但是含量变幅大、高低差别大。从土壤类型分布看,砂姜黑土速效磷含量最高,潮土速效磷含量最低。其中最高点和最低点都分布在砂姜黑土上。蔬菜地土壤速效磷含量高于粮田土壤速效磷含量。

(四)速效钾概况

2008年,宁阳县共化验土壤速效钾3503个,平均含量为132 mg/kg,其中粮田样品3002个、蔬菜地样品501个。根据土壤耕层养分化验数据统计,粮田土壤速效钾平均含量为130mg/kg。蔬菜地土壤速效钾含量平均为145mg/kg。全县土壤速效钾含量较丰富(＞120mg/kg)的面积占耕地总面积的81.5%,总体水平较高。从土壤分布类型看,粮田土壤速效钾差别不大,大棚蔬菜中的淋溶褐土含量最高、潮棕壤含量最低。

三、对全县土壤有机质及三大元素含量的评价

(一)土壤有机质与第二次土壤普查结果相比较

2008年,耕地土壤有机质含量与1981年第二次土壤普查和1995年土壤肥力监测结果相比有了很大提高,比1981年全县有机质平均含量的8.8g/kg增加了7.7g/kg,比1995年全县有机质平均含量的12.4g/kg增加了4.1g/kg。土壤有机质含量对比图如图1所示。

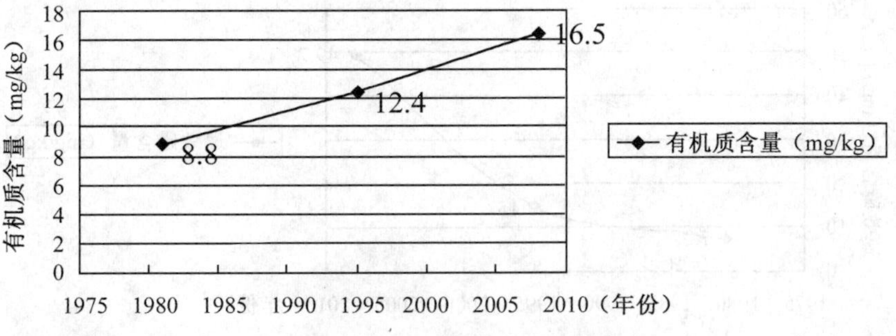

图 1　土壤有机质含量对比图

（二）土壤碱解氮与第二次土壤普查结果相比较

2008 年，粮田土壤碱解氮含量与 1981 年第二次土壤普查和 1995 年土壤肥力检测结果相比有了较大的提高，比第二次土壤普查时的 56mg/kg 增加了 35mg/kg，比 1995 年的 89mg/kg 增加了 2mg/kg。土壤碱解氮含量变化图如图 2 所示。

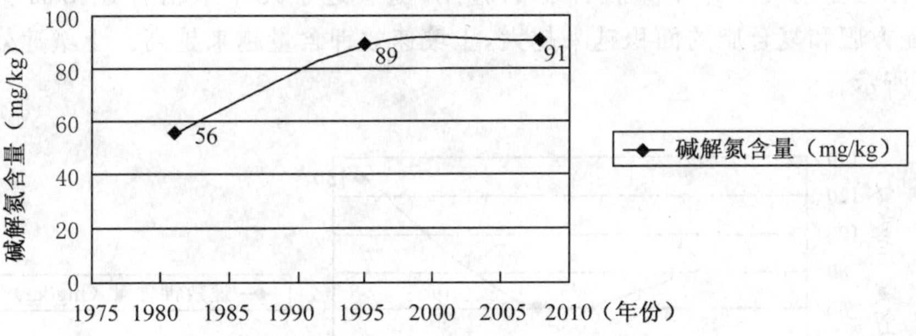

图 2　土壤碱解氮含量变化图

（三）土壤速效磷与第二次土壤普查结果相比较

2008 年，耕地土壤速效磷含量与 1981 年第二次土壤普查和 1995 年土壤肥力监测结果比较，上升速度快，幅度大。1981 年，第二次土壤普查时，全县速效磷平均含量为 7.2 mg/kg，全县普遍缺磷，其中极缺面积占总耕地面积的 50.35%。2008 年，比土壤普查时平均增加了 42.5mg/kg。随着磷肥施用面积的增加，土壤速效磷含量大幅提升。1995 年，全县速效磷平均含量为 15 mg/kg，比 1981 年第二次土壤普查时增加了 6.8mg/kg。2008 年比 1995 年全县平均增加了 34.7mg/kg。土壤速效磷含量变化如图 3 所示。

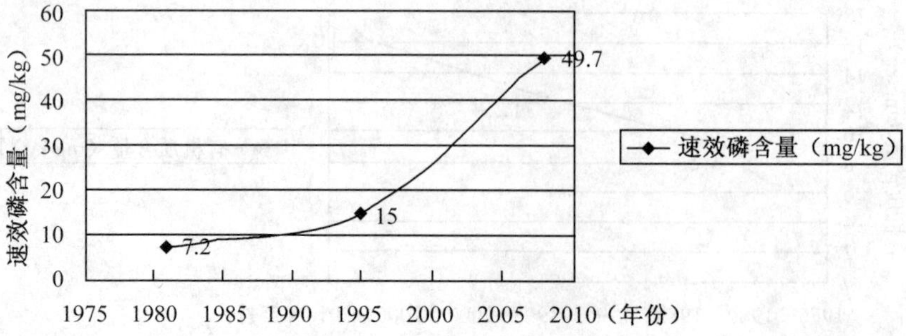

图 3 土壤速效磷含量变化图

（四）土壤速效钾与第二次土壤普查结果相比较

2008 年，耕地土壤速效钾含量与 1981 年第二次土壤普查和 1995 年土壤肥力监测结果相比有了很大提高，比第二次土壤普查时的平均含量 86 mg/kg 增加了 44mg/kg，比 1995 年的 62mg/kg 增加了 68 mg/kg。其中 1995 年比第二次土壤普查时降低了 24mg/kg。主要原因是前几十年不重视钾肥的施用，随着近十几年来秸秆还田面积的逐步增加，施用配方肥和复合肥的面积越来越大，土壤速效钾含量越来越高。土壤速效钾含量变化如图 4 所示。

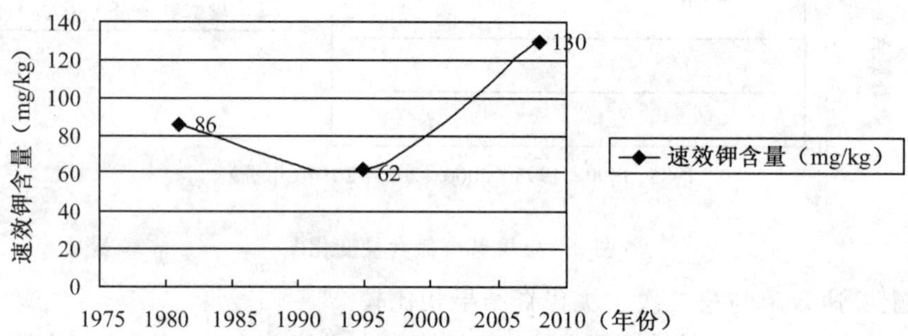

图 4 土壤速效钾含量变化图

从上述分析概况及化验结果中不难看出，宁阳县土壤有机质、碱解氮、速效磷、速效钾含量均呈上升趋势，特别是实施测土配方施肥项目后各种养分含量均匀提升，氮磷钾含量比例趋于平衡。

四、土壤养分变化原因的分析

（一）耕作方式的影响

土地的耕作方式对于土壤养分含量的变化也有很大的影响。随着农业产量的大幅提高及经济的快速发展，农村“三料”（燃料、饲料、肥料）矛盾基本解决。这主要是因为农作物根茬、枯枝落叶等大量残留都归还到土壤中，加之近些年机收面积扩大，人为的秸秆还田及过腹还田面积也增大了。同时，不断地调整种植制度，采用轮、间、套种方式，农民用地、养地的意识不断提高，培肥地力得到充分的重视，这些变化促使土壤中有机质和氮、磷大量元素的含量大幅度提高。

（二）化肥投入量逐年提高的影响

肥料是作物的粮食，是农业生产中最重要而且也是今后相当长一段时间内不可替代的生产资料。虽然化肥利用率偏低，但大部分会残留在土壤中被固定和吸收。随着时间的推移，土壤中的氮、磷含量会有所提高。

（三）有机肥投入增加的影响

三十年来，宁阳县土壤有机质含量有了很大提升，土壤理化性状有了很大改善。从20世纪80年代开始实施小麦秸秆还田，到近几年大、中型联合收割机和秸秆还田机数量的不断增加，使全县98%的小麦秸秆直接还田，部分乡镇实现玉米秸秆全部直接还田。特别是2008年实施现代农业项目后，全县30万亩项目区耕地亩施用商品有机肥150kg。经过多年连续进行秸秆还田、增施有机肥，使土壤理化性状发生了很大变化，水、肥、气、热诸因素日趋协调，土壤有机质含量有了很大提高。

（四）种植制度的影响

多年来，宁阳县以种植营养摄取量多的小麦、玉米为主，而且复种指数高。虽然近年来有机肥用量加大，但农民主要还是以施用化肥来补充作物的营养需求，而且化肥品种单一，主要以磷酸二铵、过磷酸钙、钙镁磷、尿素、碳铵为主。钾元素肥料不施或少施，造成钾素和中微量元素过量消耗，导致土壤中氮、磷、钾比例不合理。

五、施肥及土壤改良建议

（一）积极开展土壤改良与培肥

良好的土壤条件是测土配方施肥的基础：广泛开展耕地土壤改良与培肥，广辟肥源，增施有机肥；推广秸秆粉碎还田与麦糠覆盖技术；黏土深翻，破除犁底层，改良土壤结构，促进团粒结构形成；砂土掺黏改土，提高保水、保肥性能。

（二）加快推广测土配方施肥

测土配方施肥是依托土壤养分化验数据和肥料试验结果，根据作物需肥规律、土壤供肥特性和肥料利用效应，在施用有机肥的基础上，提出目标产量所需的氮、磷、钾及中微量元素肥料用量与方法的施肥技术。通俗地讲，就是缺什么，施什么，缺多少，施多少。

（三）建立测土配方施肥动态指标体系

通过测土配方施肥与耕地地力评价项目的开展，全县已建立了主要农作物小麦、玉米的测土配方施肥指标体系，并已在农业生产中发挥了显著作用。为进一步提升全县施肥水平，提高农业效益，应该建立测土配方施肥动态指标体系。

(1)搞好土壤肥力监测。在完成国家、省、市土壤肥力监测任务基础上，设立土壤肥力长期定位监测点，形成比较完善的全县土壤肥力监测系统。

(2)加强田间肥效试验。在完成测土配方施肥项目要求的肥效试验外，安排全县测土配方施肥田间肥效长期试验，分耕地资源类型区、分作物设立试验点。

(3)完善施肥指标体系。根据年度土壤肥力监测数据和田间肥效试验结果，组织有关农业专家及典型科技户，对已应用的施肥指标体系进行修正，使下年度的施肥指标更符合实际，发挥更大的作用。

(4)切实搞好服务，发挥测土配方施肥效益。测土配方施肥的最终目的是农作物施肥。土肥技术部门要与肥料生产、销售企业密切合作,各负其责。土肥技术部门按不同类型区、不同作物提供配方,肥料生产企业保质保量生产,肥料销售企业合理布点以及时提供给农户肥料,由农户按时施肥。通过良好的服务,充分发挥测土配方施肥的作用。

专题二　大力推广秸秆还田技术 提高土壤有机质含量

土壤有机质含量是土壤肥力高低的一个重要指标，其含量的多少对土壤理化性质有很大影响，并且直接影响着土壤耕性和生产水平的高低。有机质的主要来源是土杂肥、植物的枯枝落叶和根系以及少量的动物残体。但在当前畜牧养殖已成集约化小区式模式下，农民很少养殖牲畜，造成土杂肥（圈肥）紧缺。现在，全县仅在设施栽培条件下用土杂肥，一般粮田很少使用。作物秸秆含有丰富的有机质，只有大力推广秸秆还田技术，不断增加土壤肥力，提高土壤有机质含量，才能适应当前农业生产不断发展的要求。

一、全县耕地土壤有机质含量的现状及分布

2008 年，测土配方施肥项目在全县取土样 3510 个，其中大田作物土样 3000 个、蔬菜地土样 510 个。根据土壤耕层养分化验数据统计，宁阳县 2008 年粮田土壤有机质平均含量为 16.4g/kg，蔬菜地土壤有机质平均含量为 15.54g/kg。全县耕地土壤有机质含量较丰富（>15g/kg）的面积占总面积的 62.6%。从土壤类型分布看，分布在南部洼地处的砂姜黑土土壤有机质含量最高，其次为西部平原的潮褐土、潮棕壤土类，分布在山区较高部位的淋溶褐土土壤有机质含量最低。

蔬菜地土壤有机质含量略低于粮田土壤有机质含量。附全县不同土壤类型土壤有机质含量分布见表 1、表 2。

表 1　　2008 年粮田不同土壤类型耕层有机质分布表

土壤类型		平均数(mg/kg)	样品数	<6		6～12		12～15		15～20		>20	
				样品数	占(%)	样品数	占(%)	样品数	占(%)	样品数	占(%)	样品数	占(%)
砂姜黑土	砂姜黑土	17.3	312	16	5.13	62	19.87	44	14.1	110	35.26	80	25.64
潮土	潮土	15	192	9	4.69	45	23.44	54	28.12	56	29.17	28	14.58
褐土	潮褐土	17	1255	124	9.88	229	18.25	226	18.01	318	25.33	358	28.53
	淋溶褐土	15.5	274	18	6.57	55	20.07	74	27.01	78	28.47	49	17.88
棕壤	棕壤	16.1	648	64	9.88	138	21.3	112	17.28	167	25.77	167	25.77
	潮棕壤	16.3	361	38	10.53	63	17.45	85	23.54	74	20.5	101	27.98

表 2　　2008 年蔬菜地不同土壤类型耕层有机质分布表

土壤类型		平均数 (mg/kg)	样品数	<6		6~12		12~15		15~20		>20	
				样品数	占(%)	样品数	占(%)	样品数	占(%)	样品数	占(%)	样品数	占(%)
潮土	潮土	17.6	49	2	4.08	6	12.24	10	20.41	14	28.58	17	34.69
褐土	潮褐土	16	197	7	3.55	42	21.32	47	23.86	59	29.95	42	21.32
	淋溶褐土	14	73	7	9.59	18	24.66	25	34.25	11	15.06	12	16.44
棕壤	棕壤	15.8	120	5	4.16	23	19.17	27	22.5	40	33.33	25	20.84
	潮棕壤	10.3	7	2	28.57	4	57.14	1	14.29	0	0	0	0

二、近三十年全县表层土壤有机质含量的变化情况

1981 年第二次土壤普查查清了全县耕地土壤养分含量，全县土壤有机质平均含量为 8.7g/kg，按国家分级标准处于下等水平，有机质含量丰富区主要分布在宁阳农场和宁阳镇的部分地区，含量缺乏区主要分布在东部乡镇的山区丘陵地区。2008 年土壤有机质含量与 1981 年第二次土壤普查结果相比有了明显提高。从土壤普查至今，全县土壤有机质含量呈上升趋势，这是常年坚持不断地推广秸秆还田和测土配方施肥的结果。近三十年来，宁阳县耕地表层土壤有机质的变化情况统计见表 3。

表 3　　宁阳县耕地表层土壤有机质的变化情况统计表

项目	褐土平均含量 (g/kg)	砂姜黑土平均含量 (g/kg)	棕壤平均含量 (g/kg)	潮土平均含量 (g/kg)
1981 年	0.9	1	0.7	0.8
2008 年	16.3	17.3	16.2	15
2008 年比 1981 年增减含量	15.4	16.3	15.5	14.25

结果表明，宁阳县土壤有机质含量有了很大提升，土壤物理性状有了很大改善。但是由于近几十年农户分散养猪及大牲畜的越来越少，粮田绝大部分只使用化肥而无有机肥可使用，畜禽养殖场的农家肥只用于大棚蔬菜，粮田土壤有机质的来源主要依靠秸秆来补充，所以，土壤有机质含量提升比较缓慢。自 2006 年来，宁阳县实施测土配方施肥项目和现代农业项目，提倡多种形式的秸秆还田，商品有机肥施用数量和秸秆还田面积不断增加，为土壤有机质提升、培肥地力打下了坚实的基础。

三、秸秆还田的作用

（一）提高土壤有机质含量，改善土壤物理性状

土壤有机质是土壤肥力的重要指标。秸秆还田能促进土壤有机质更新，提高土壤有

机质含量。大量试验表明，在现有耕作制度和有机肥施用水平下，每亩耕地需还草150kg以上才能使土壤有机质保持平衡并略有提高。秸秆还田还能改善土壤物理性状，降低土壤容重，增加孔隙度，从而疏松土壤，提高土壤保水、保肥和缓冲性能。

（二）维持土壤养分平衡，提高肥料利用率

秸秆还田还为土壤微生物活动提供了丰富的碳源，促进微生物生长、繁殖，提高土壤的生物活性。一方面促进土壤中难溶性磷和微量元素的转化，固定和保存土壤氮素，减少氮的损失，提高肥料利用率。另一方面提供给土壤氮、磷、钾、硅及多种微量元素养分，释放的微量元素占作物吸收总量的60%，不仅增加土壤养分，还提高了养分有效性。据测算，100kg的小麦秸秆含氮约0.5kg、磷0.1～0.2kg、钾1～3kg，相当于15-15-15含量的高浓度复合肥10kg的含钾量、3kg的含氮量、1kg的含磷量。

（三）增强农田保水抗旱能力，改善农田生态环境

采取秸秆覆盖地面，干旱期能减少土壤水的地面蒸发量，保持耕层蓄水量；雨季能缓冲大雨对土壤的侵蚀，减少地面径流。覆盖秸秆隔离了阳光对土壤的直射，有效地调节了土体温度。另外，农田覆盖秸秆，还能抑制杂草的生长，与除草剂配合使用时，可提高效果。

实行秸秆还田能有效避免焚烧秸秆带来的环境污染。同时，在秸秆还田时与其他耕作或农艺措施相结合，对于病虫草害的抑制作用有一定的效果，这均有利于改善农业生产的生态环境。

四、大力提倡多种形式的秸秆还田，快速培肥地力

（一）秸秆直接还田

采用机械作业让秸秆粉碎作为土壤底肥：在小麦、玉米收获后，利用秸秆还田机将作物秸秆全部粉碎至5～10cm，然后用拖拉机深耕25cm后镇压。2008年，全县购置大型小麦秸秆还田机600多台，小麦秸秆直接还田面积为47333.33hm^2，占全县小麦播种面积的94%，玉米秸秆还田机450多台，玉米秸秆直接还田面积为20000hm^2，占全县玉米播种面积的56%。

（二）秸秆养畜过腹还田

科学地利用秸秆资源喂牛、羊等食草家畜：麦秸、花生秧可作为牛、马、羊等牲畜的饲料，红薯秧可喂猪，玉米秸秆可青储喂牛。2008年，全县大牲畜存栏量为25万头，年消耗秸秆18万吨，过腹还田1.37万吨。

（三）秸秆堆腐还田

应用菌剂、催腐剂、酵素菌剂等堆腐剩余秸秆还田，使传统的、粗放的有机肥积造方式向先进的、集约的生物和化学技术方向转变，为秸秆还田从技术上找到一条有效途径。

（四）能源转化

能源转化主要是建造生态沼气池。宁阳县从2007年开始实施全国“农村沼气建设项目”和山东省“农村户用沼气池建设项目”。通过项目实施，全县的沼气池数量有了较快的增长，目前已建沼气池2350座，主要原料是人畜粪便和农作物秸秆。全县有1万余吨秸秆用于沼气投料，有5.687万吨沼渣作为固体肥料还田。

专题三　宁阳县砂姜黑土的特征及其改良利用

宁阳县土壤共分为四个土壤类型，在这四个土壤类型中，砂姜黑土是全县低产田的改良重点，面积为 8466.67hm^2，主要分布于鹤山洼和宁阳沟以东排水不畅的低洼地带。

一、砂姜黑土的特性

宁阳县砂姜黑土质地黏重，剖面各层次质地多为中到重壤，在各层次中黑土层最为黏重，湿时带水渍涝，干时开裂漏水，由此形成砂姜黑土易旱、易涝的特点。表层土因施肥原因多无石灰反应，底部不但有砂姜层，而且在黑土与砂姜的过渡层也有石灰反应。根据土壤耕层熟化程度，黄土覆盖厚度分为黑土裸露、黄土覆盖小于 30cm 及黄土覆盖大于 30cm 的三个土属。

（一）黑土裸露砂姜黑土

成土母质为冲积或静水沉积及浅湖沼相沉积物。其分布在宁阳镇北满庄以南交接洼地的底部，黑土层裸露，质地黏重，颜色由于耕作熟化过程变浅，但仍是黑土层的本色。该土壤物理性能不良，容重高，通气孔隙量小，通透性差。

（二）黄土覆盖小于 30cm 砂姜黑土

成土母质为静水沉积或冲积物质，土地平坦，低洼处易积水濒涝。其主要分布在乡饮洼和鹤山洼，在砂姜黑土中面积最大，占砂姜黑土的 77.8%。由于后期黄土覆盖，表层质地也向轻转化，但仍较黏重，由于黄土覆盖较薄，耕性虽较前一种好，但仍较差。

（三）黄土覆盖大于 30cm 砂姜黑土

此土属主要分布在乡饮洼的边缘与冲积潮褐土交界处及东疏的西部与汶上交界处，所处部位稍高于以上两个土属。受洪冲积母质影响，黄土覆盖较厚，虽质地较重，但物理性黏粒含量明显下降，生产性能有了明显提高。

二、砂姜黑土的低产原因

在砂姜黑土的成长过程中，有强烈的淋溶和还原作用，使耕层土壤的养分淋失，造成土壤理化性质不良，成为低产土壤。低产原因是多方面的，可概括为“涝、旱、瘠、僵”。

涝：砂姜黑土分布的地形平坦，甚至为封闭洼地，排水条件差，易季节性积水。就土壤性质来讲，质地黏重，结构不良，大孔隙少，土体中的砂姜盘层阻隔浅层水下渗，有效蓄水量低。土壤必须有适宜的通气孔隙，才能保证作物根系的正常呼吸和有机质分解，以形成植物可给态养分。一般旱地土壤的通气孔隙以占土壤体积 20%左右为宜，但砂姜黑土在 7～9 月常小于 10%，甚至地面积水，有时地面虽无积水但由于孔隙充满水分，对作物生长也极为不利。

旱:砂姜黑土区水源贫乏易旱有两方面原因:①降雨集中,主要在每年的6～9月,春播、秋播期间雨水稀少,土壤缺墒影响种子萌发,特别是4月下旬到5月中旬,旱风多,土壤水分蒸发量大,这时又正是春播和小麦扬花灌浆期,常因干旱影响播种,造成减产。②砂姜黑土质地比较黏重,结构不良,土体上部耕层水分损失快,而下层水分向上运行慢,不能及时补给上层土壤因蒸发而造成的水分亏缺,所以作物容易受旱。

瘠:砂姜黑土成土过程中有强烈的淋溶作用,耕层土壤大量可溶性养分被淋失,土壤颜色暗,其他有效养分含量也偏低。

僵:主要指耕性不良。砂姜黑土中的大多数土壤比较黏重,加之有机质含量低,结构不良。因此,干时僵硬,湿时泥泞,难耕、难耙,适耕期短。不仅影响耕作质量,而且影响种子出苗和作物生长。浇水时土随水淌,易塌埂跑水。干时土壤又易裂缝,挣断作物根系。有的砂姜分布浅,耕层中也有,影响耕性和土壤肥力。

三、砂姜黑土的改良利用

砂姜黑土的四项障碍因素是环境条件和土壤内在性质相互作用的结果,因此,改良砂姜黑土要采取综合措施,抓住主要矛盾,治本和治标相结合。

(一)防旱、排涝是改良砂姜黑土的重要措施

建立健全水利工程配套,修建灌排结合的渠道,做到旱时能引水灌溉、涝时能排水防濒。

(1)搞好排水。多年的水利建设已在防洪方面颇有成效,但在除涝方面还未根本解决,还需进一步改善排水条件,搞好水利工程配套。不过排水不宜过甚,因为砂姜黑土的毛管水上升缓慢,若潜水位下降的太低则作物易受干旱。

(2)发展灌溉。砂姜黑土在改善排水条件之后,干旱问题就突出了。因此,还必须有计划地利用地表水和地下水发展灌溉。宁阳县乡饮乡、宁阳镇、鹤山乡等在中共宁阳县委、县政府统一统筹下,实施"引汶"工程,以缓解水源紧张问题。宁阳镇南许管理区、乡饮乡的部分村结合世界银行贷款项目,埋设了地下管道,所有农田全部都能浇上水,基本满足了农作物对水分的需求。乡饮乡、泗店镇利用机井、土井相结合,进行灌溉。一部分村还修建了圆口井进行蓄水抗旱,这不仅可以解决一部分水源问题,同时还可以稳定地下水位,使其降得不过低。

(二)实行秸秆还田,改善土壤状况,提升土壤有机质含量

砂姜黑土由于质地黏重,排水不畅,通透性不好,因而造成土壤水、肥、气、热四因素不够协调。宁阳镇南许管区从20世纪80年代开始实施小麦秸秆还田,近几年购置秸秆还田机100多台,整个管理区内的小麦、玉米秸秆全部直接还田。乡饮乡购置秸秆还田机150台,全乡98%的小麦秸秆直接还田,部分村玉米秸秆全部直接还田。经过多年连续进行秸秆还田,使土壤理化性质发生了很大变化,水、肥、气、热诸因素日趋协调,有机质含量有了很大提高,团粒结构增加。2008年,宁阳镇南许管理区土壤有机质平均含量为15.9g/kg,比1981年土壤普查时的9.2g/kg增加了6.7g/kg。乡饮乡土壤2008年有机质平均含量为18g/kg,比1981年土壤普查时的10.1g/kg增加了7.9g/kg。

(三)实施测土配方施肥,合理调整氮、磷、钾比例

自2006年实施测土配方施肥项目以来,宁阳镇、乡饮乡、泗店镇砂姜黑土区共采集土样479个,化验3832项次。根据化验结果和砂姜黑土的需肥特性,确定小麦配方肥配方4个、玉米3个。小麦全部以基肥形式、玉米以追肥形式施入农田。2008年,砂姜黑土碱解氮平均含量为90mg/kg,速效磷平均含量为58.5mg/kg,速效钾平均含量为130mg/kg,分别比1981年碱解氮平均含量62mg/kg增加了28mg/kg、速效磷平均含量6.5mg/kg增加了52mg/kg、速效钾含量平均84mg/kg增加了46mg/kg。养分含量有了很大提升,氮、磷、钾肥料施入比例趋于平衡。宁阳镇南许管理区2008年小麦平均产量为500kg/667m^2,玉米平均产量为550kg/667m^2,由低产田变为高产田。

(四)挖坑进行水产养殖

对于排水困难、水源充足、潜水位低并有黏底脱水层的砂姜黑土地,挖池塘进行养藕、养鱼。乡饮乡金马村带动周边几个村建藕池约20hm^2,养殖优质白莲藕,下面养泥鳅或黄鳝,每亩即可收获8000多元。这不但提高了经济效益,增加了农民收入,而且还改善了生态环境。

主要参考文献

[1]山东省土壤肥料工作站.山东土壤.北京:中国农业出版社,1994

[2]山东省土壤肥料工作站.山东土种志.北京:中国农业出版社,1993

[3]张福锁.测土配方施肥技术要览.北京:中国农业大学出版社,2006

[4]全国农业技术推广服务中心.土壤分析技术规范.北京:中国农业出版社,2006

[5]高祥照,马常宝,杜森.测土配方施肥技术.北京:中国农业出版社,2005

[6]宁阳县农业区划委员会办公室.宁阳县农业区划(内部资料),1985

[7]宁阳县土壤普查办公室.宁阳县土壤志(内部资料),1985

[8]宁阳县统计局.宁阳统计年鉴(内部资料),2005～2009

[9]宁阳县水利局.历年水利资料(内部资料),2008

[10]宁阳县气象局.气象资料(内部资料),2008

[11]慕成功,郑义.农作物配方施肥.北京:中国农业科技出版社,1995

[12]鲁如坤.土壤——植物营养学原理和施肥.北京:化学工业出版社,1998

[13]孔祥智.2005中国三农前景报告.北京:中国时代经济出版社,2005

[14]山东省土壤肥料总站.小麦、玉米、花生、保护地测土配方施肥技术(内部资料),2006

附　图

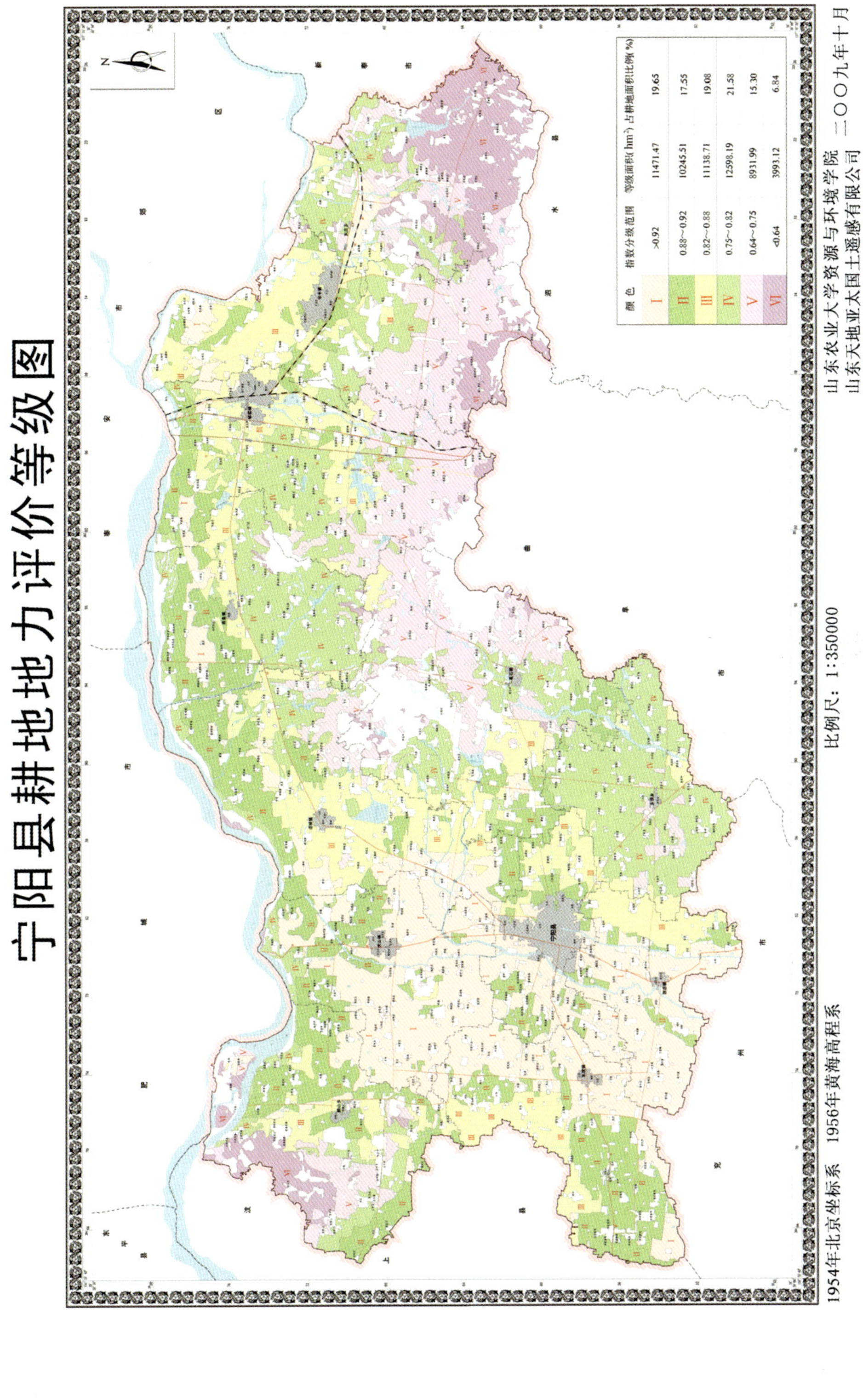
宁阳县耕地地力评价等级图
颜色
I
II
III
IV
V
VI
指数分级范围
>0.92
0.88～0.92
0.82～0.88
0.75～0.82
0.64～0.75
<0.64
等级面积(hm²)
11471.47
10245.51
11138.71
12598.19
8931.99
3993.12
占耕地面积比例(%)
19.65
17.55
19.08
21.58
15.30
6.84
比例尺：1:350000
1954年北京坐标系　1956年黄海高程系
山东农业大学资源与环境学院　二〇〇九年十月
山东天地亚太国土遥感有限公司

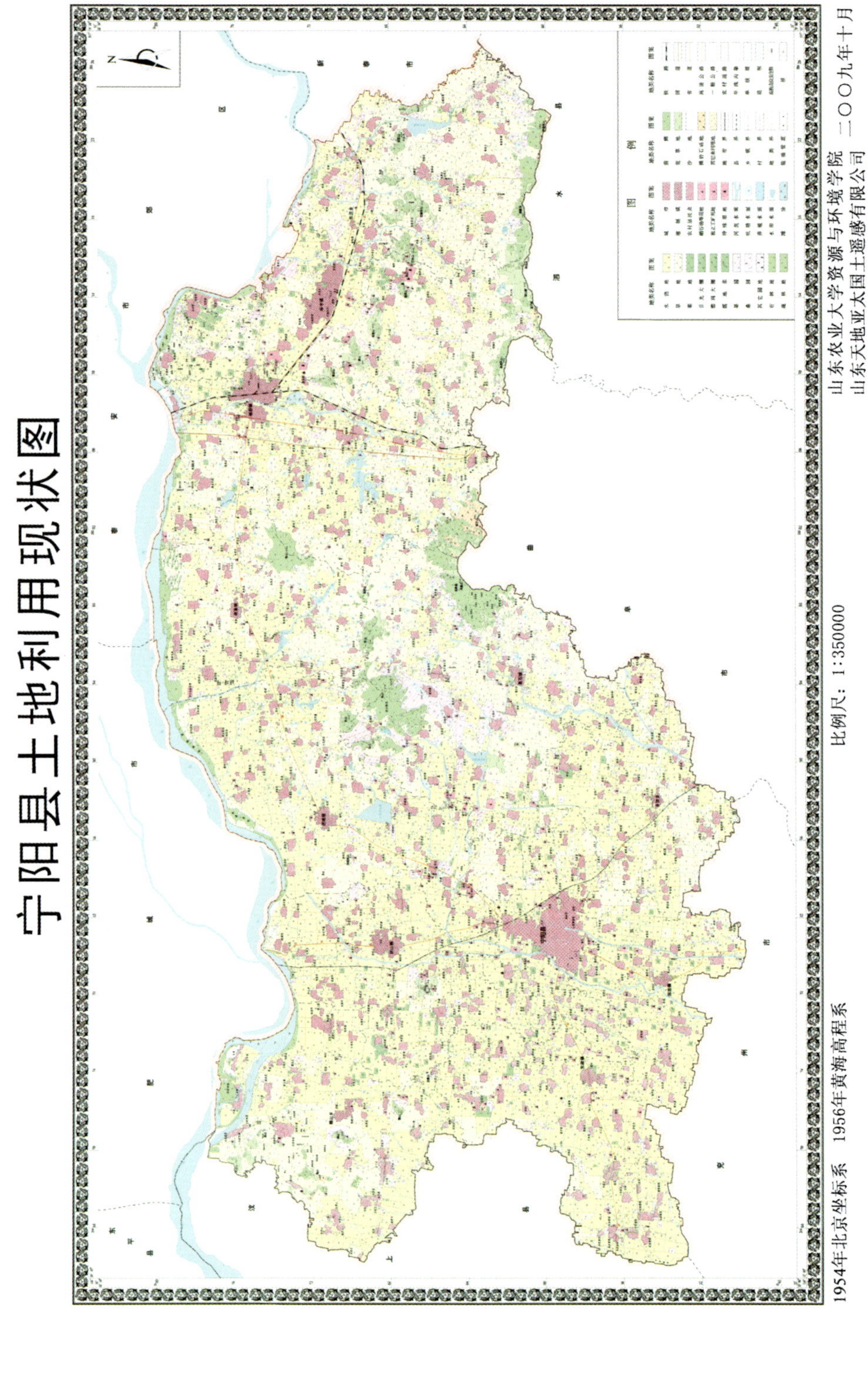
宁阳县土地利用现状图
比例尺：1:350000
1954年北京坐标系 1956年黄海高程系
山东农业大学资源与环境学院
山东天地亚太国土遥感有限公司
二〇〇九年十月

宁阳县土壤图

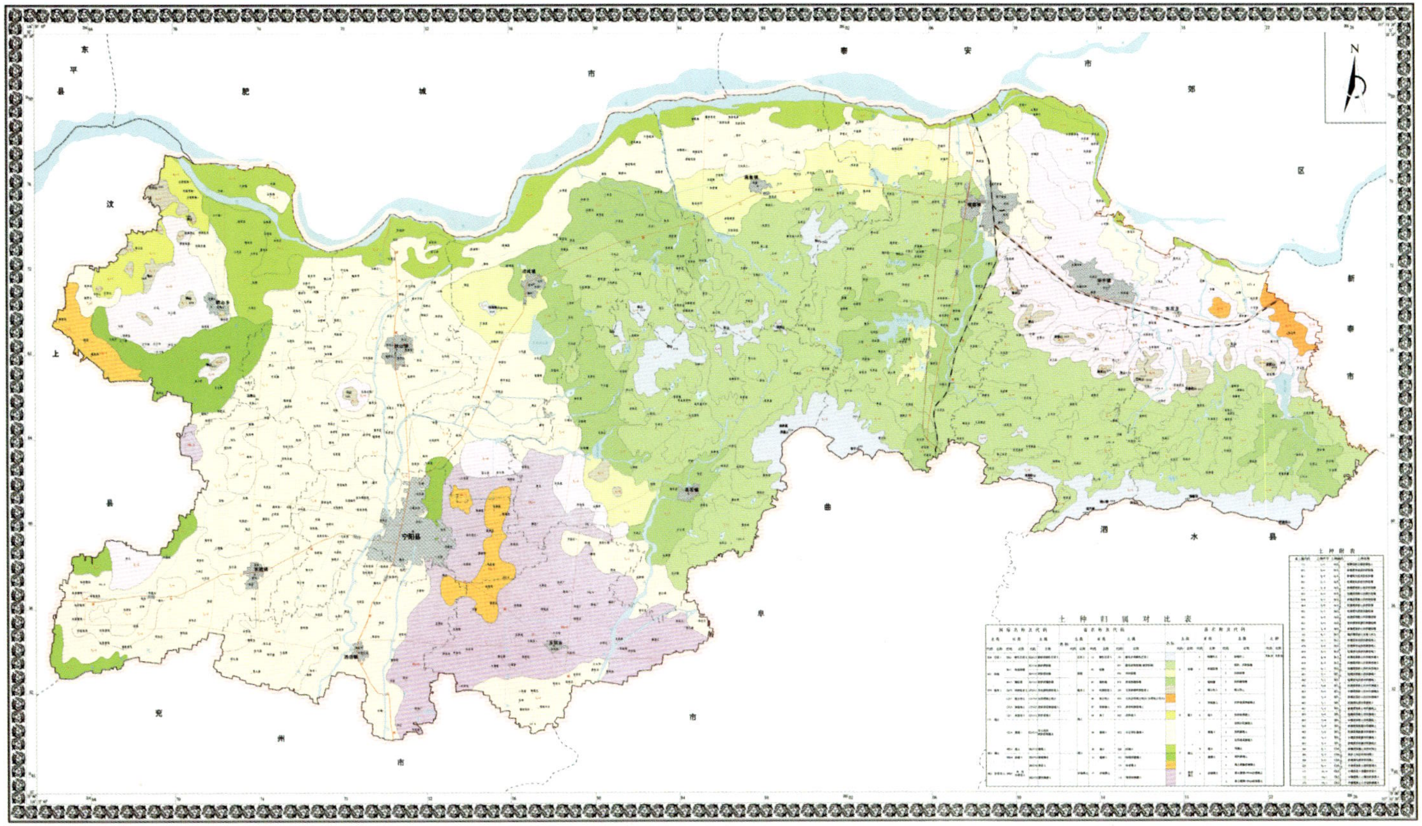

1954年北京坐标系　1956年黄海高程系　　比例尺：1∶350000

山东农业大学资源与环境学院
山东天地亚太国土遥感有限公司
二〇〇九年十月

宁阳县地貌图

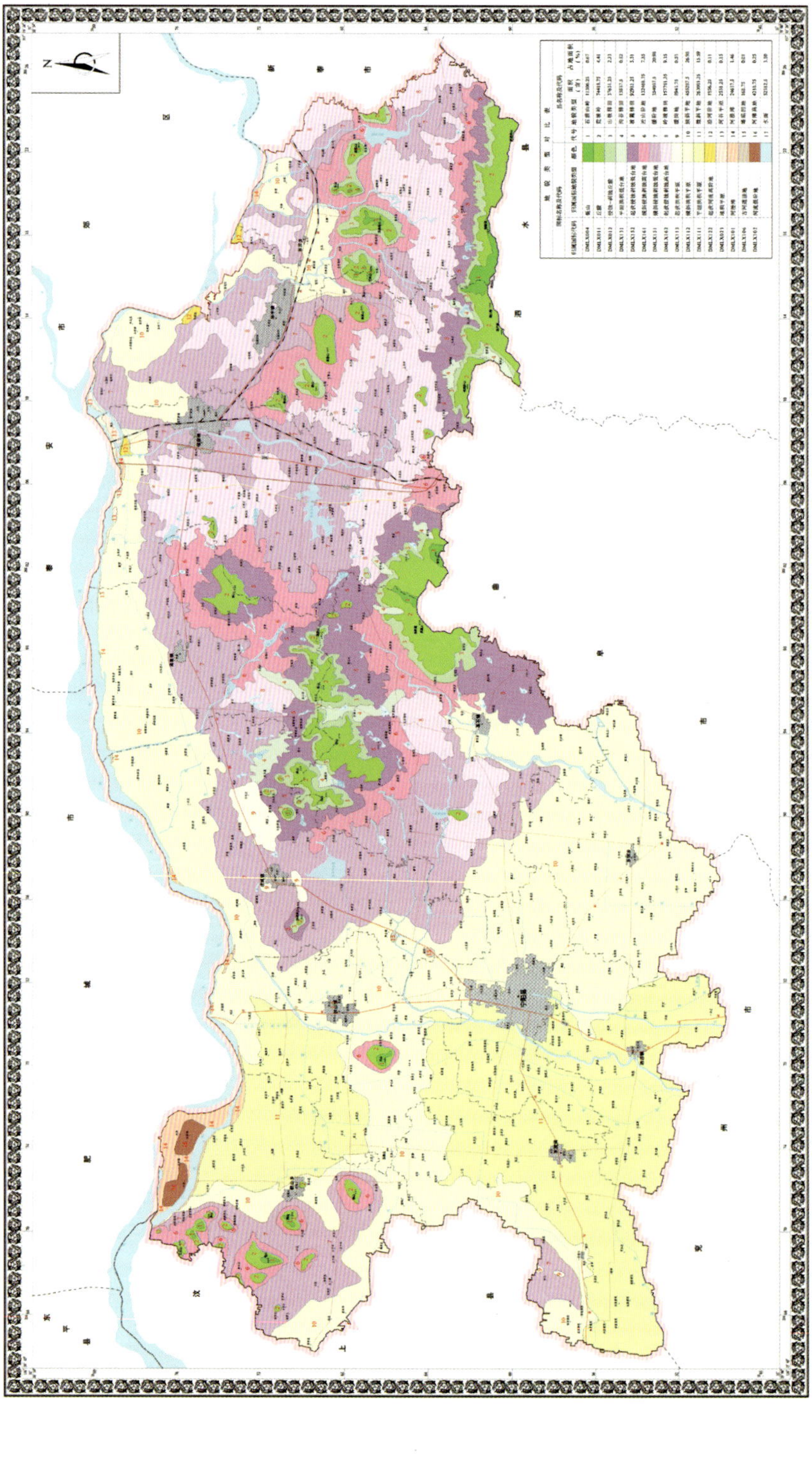

比例尺：1:350000

1954年北京坐标系 1956年黄海高程系

山东农业大学资源与环境学院
山东天地亚太国土遥感有限公司

二〇〇九年十月

宁阳县坡度图

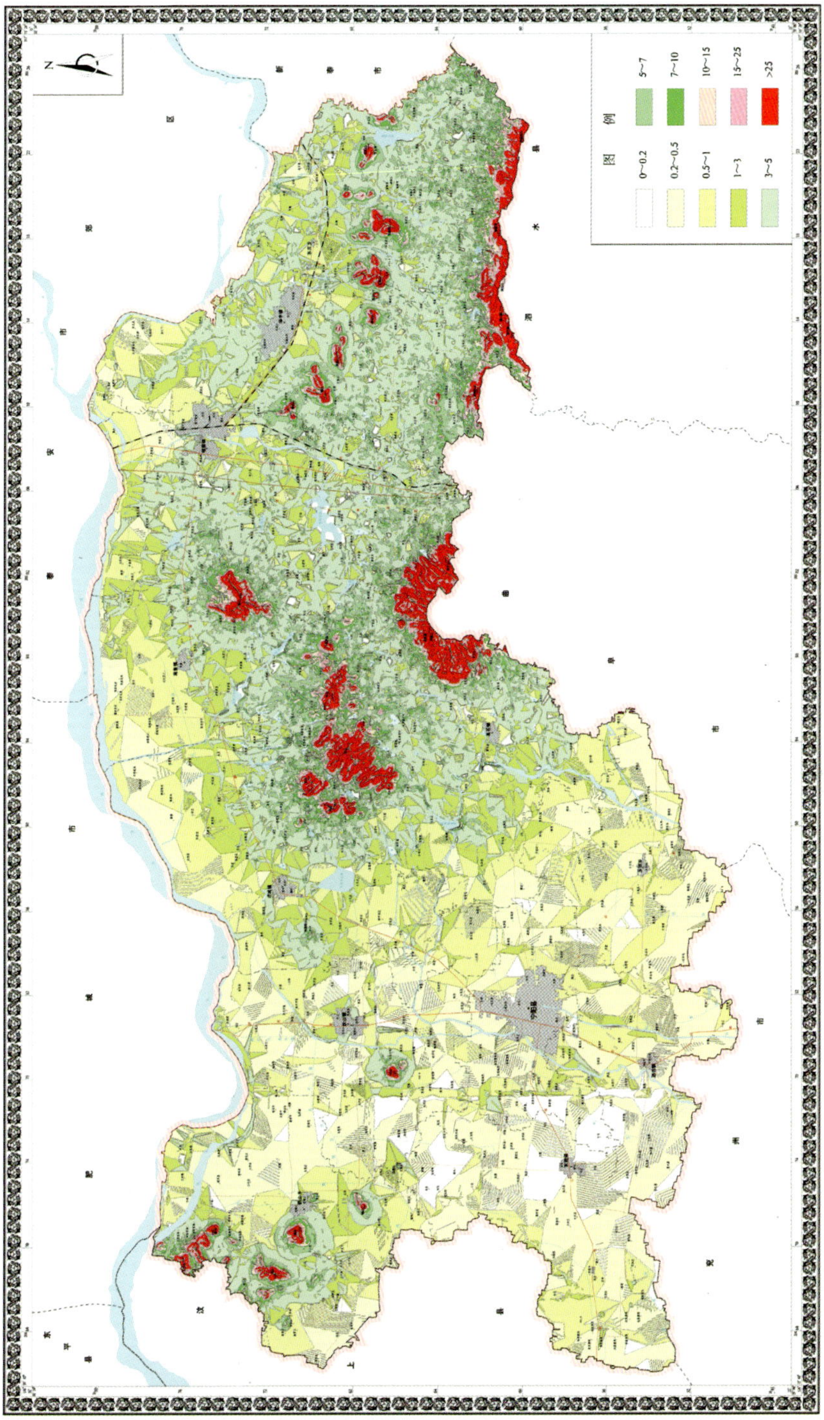

比例尺：1:350000

1954年北京坐标系 1956年黄海高程系

山东农业大学资源与环境学院 二〇〇九年十月
山东天地亚太国土遥感有限公司

宁阳县灌溉分区图

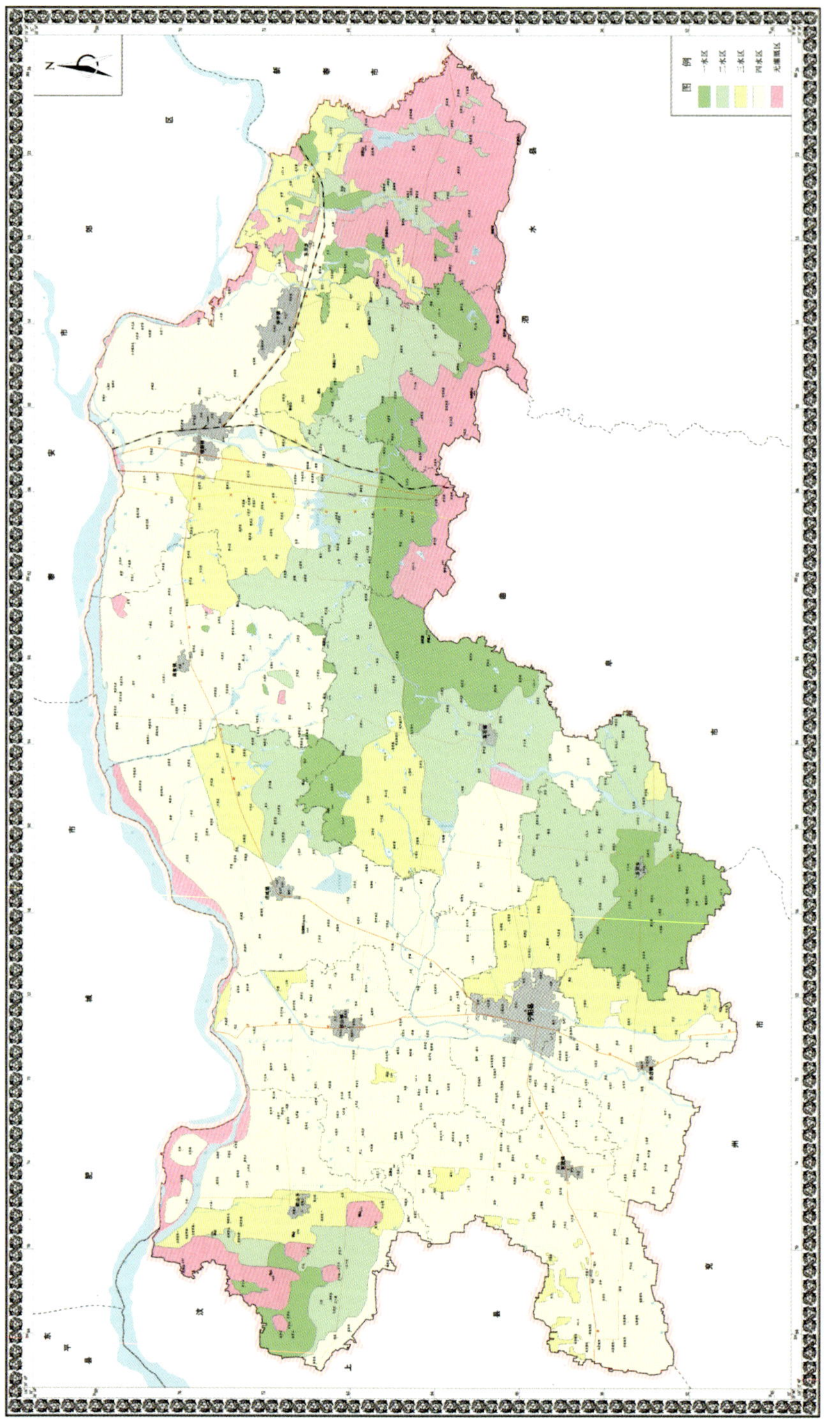

1954年北京坐标系　1956年黄海高程系

比例尺：1:350000

山东农业大学资源与环境学院
山东天地亚太国土遥感有限公司
二〇〇九年十月

宁阳县耕地地力调查点点位图

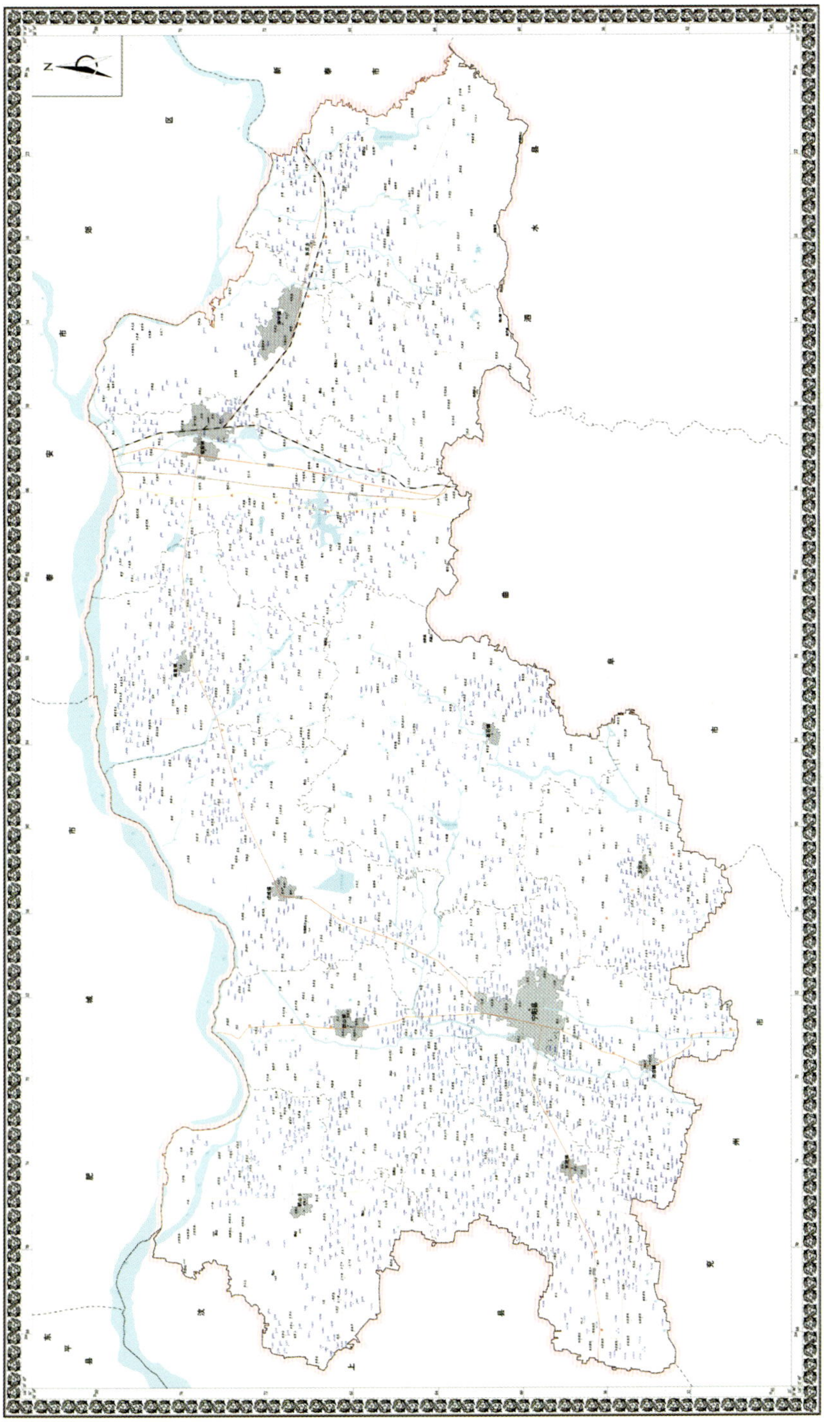

1954年北京坐标系　1956年黄海高程系

比例尺：1:350000

山东农业大学资源与环境学院　二〇〇九年十月

山东天地亚太国土遥感有限公司

宁阳县土壤pH分布图

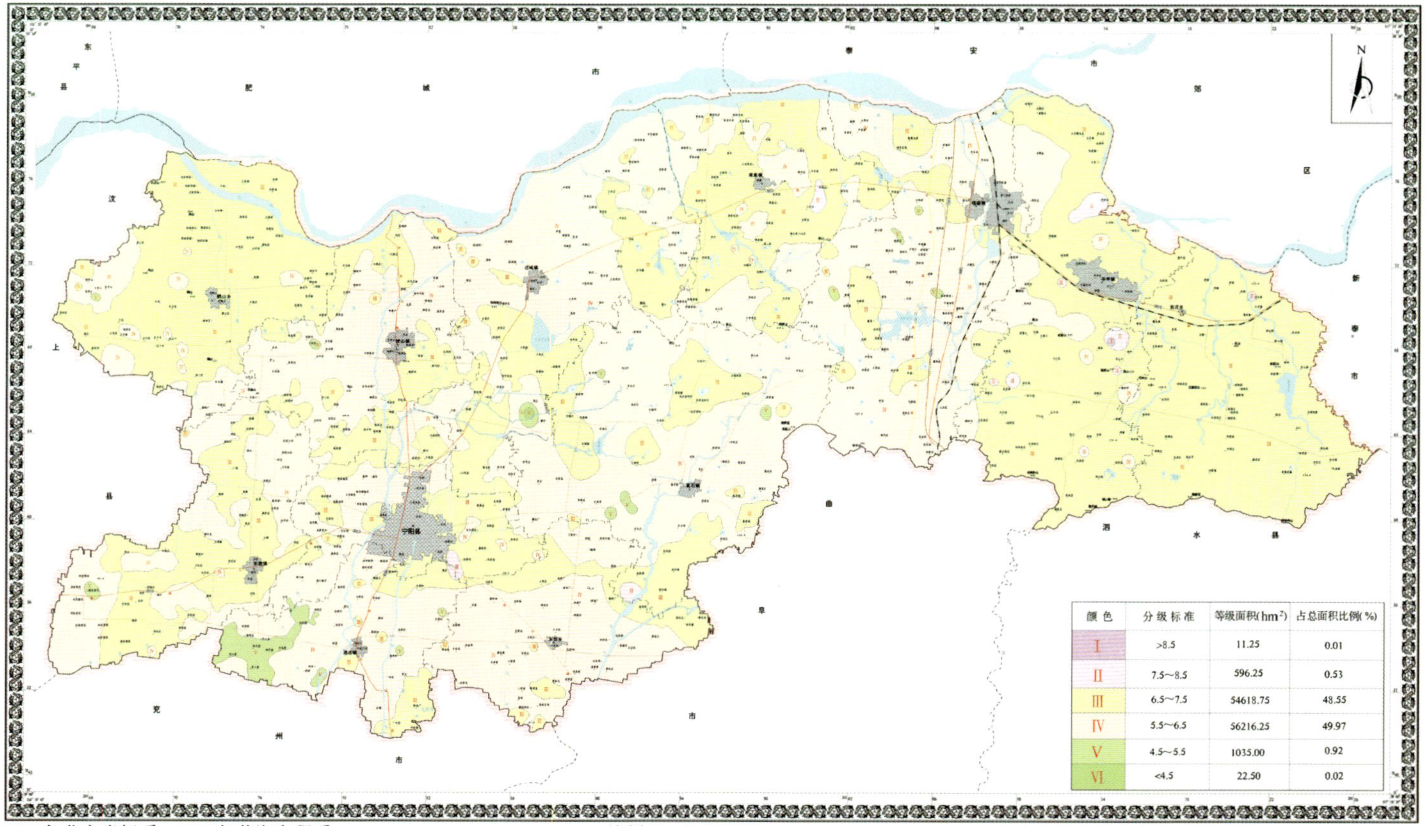

颜色	分级标准	等级面积(hm^2)	占总面积比例(%)
Ⅰ	>8.5	11.25	0.01
Ⅱ	7.5～8.5	596.25	0.53
Ⅲ	6.5～7.5	54618.75	48.55
Ⅳ	5.5～6.5	56216.25	49.97
Ⅴ	4.5～5.5	1035.00	0.92
Ⅵ	<4.5	22.50	0.02

1954年北京坐标系　1956年黄海高程系　　比例尺：1∶350000

山东农业大学资源与环境学院
山东天地亚太国土遥感有限公司　二〇〇九年十月

宁阳县土壤有机质含量分布图

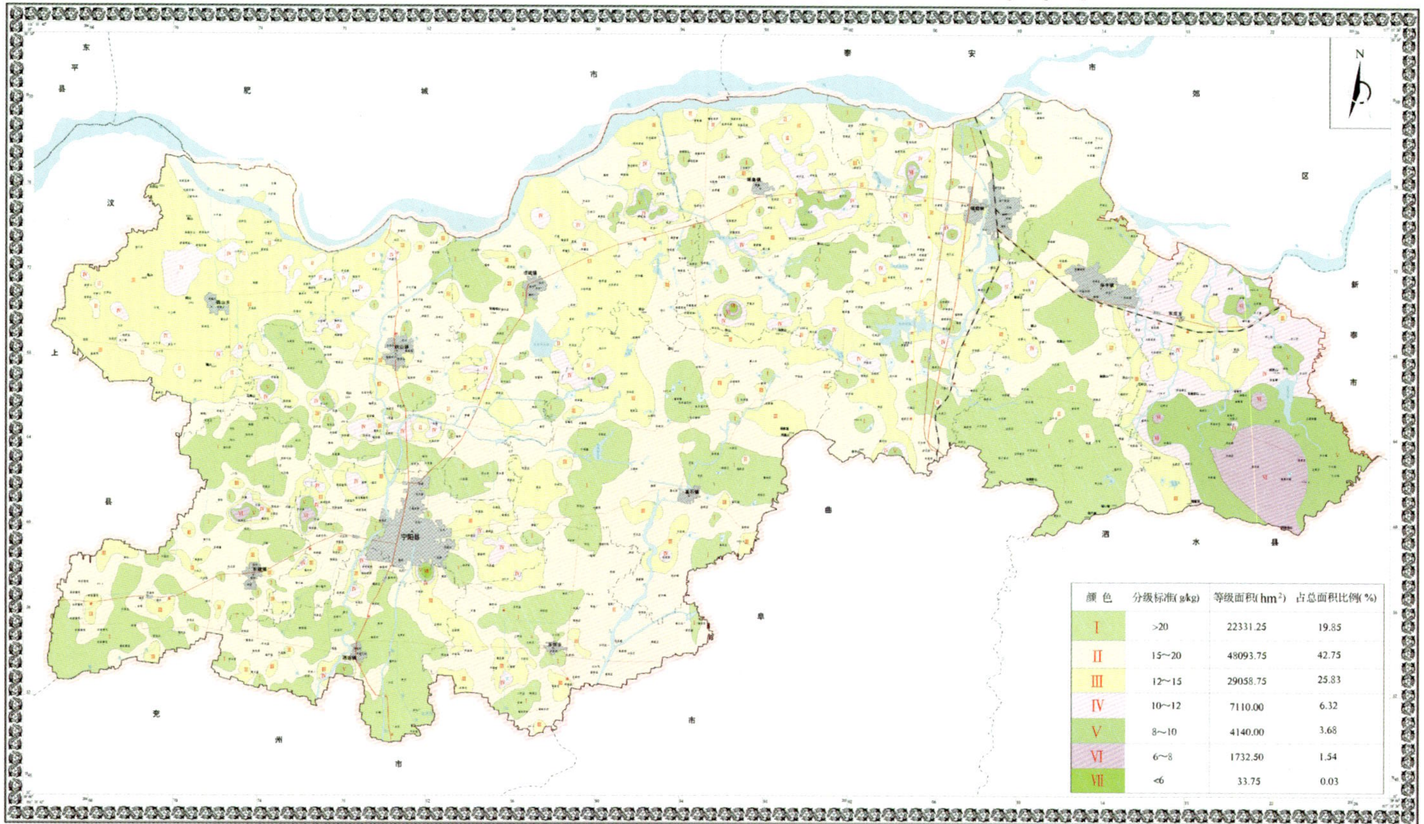

1954年北京坐标系　1956年黄海高程系

比例尺：1∶350000

山东农业大学资源与环境学院
山东天地亚太国土遥感有限公司
二〇〇九年十月

宁阳县土壤全氮含量分布图

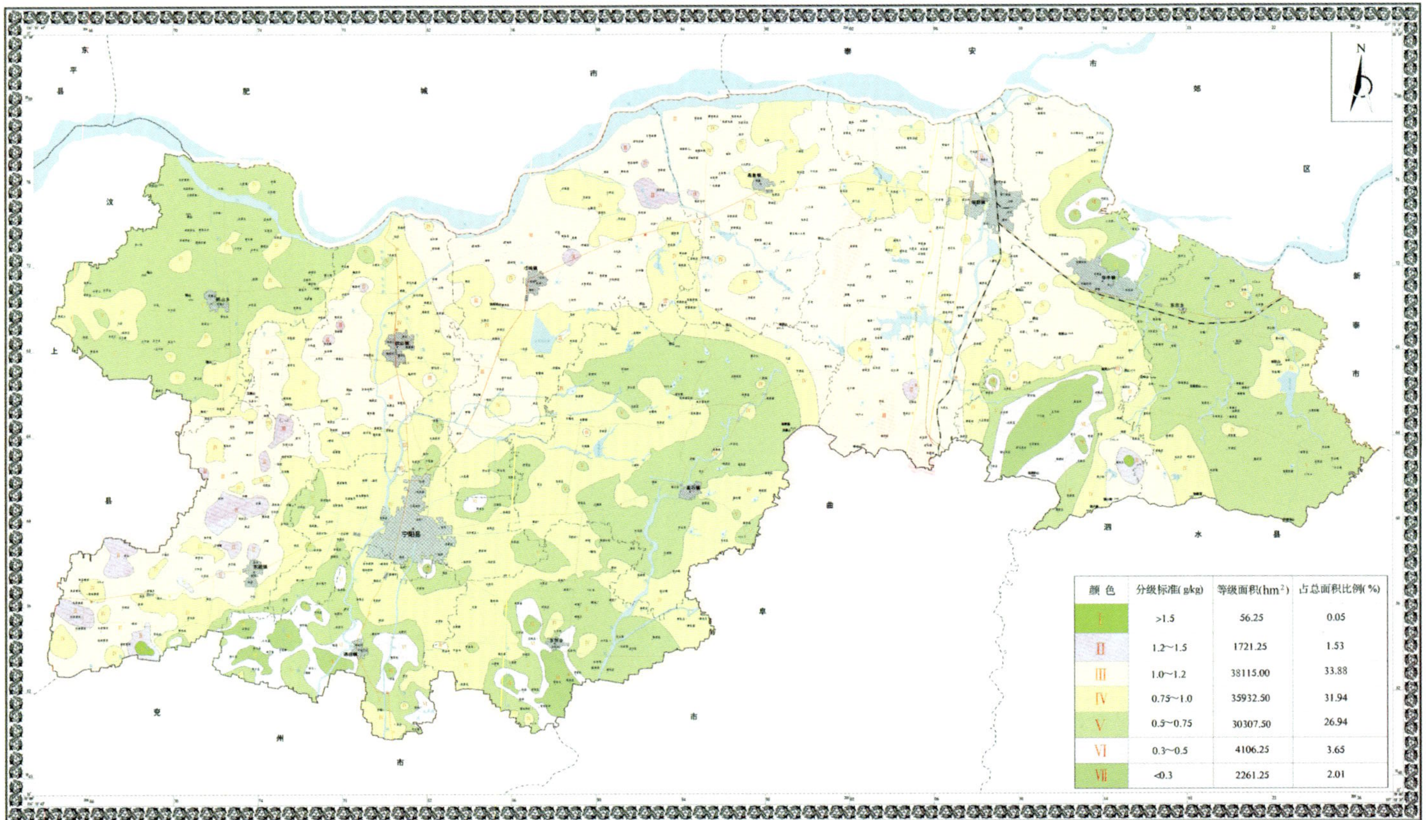

颜色	分级标准(g/kg)	等级面积(hm²)	占总面积比例(%)
Ⅰ	>1.5	56.25	0.05
Ⅱ	1.2~1.5	1721.25	1.53
Ⅲ	1.0~1.2	38115.00	33.88
Ⅳ	0.75~1.0	35932.50	31.94
Ⅴ	0.5~0.75	30307.50	26.94
Ⅵ	0.3~0.5	4106.25	3.65
Ⅶ	<0.3	2261.25	2.01

1954年北京坐标系　1956年黄海高程系　　比例尺：1:350000　　山东农业大学资源与环境学院　山东天地亚太国土遥感有限公司　二〇〇九年十月

宁阳县土壤碱解氮含量分布图

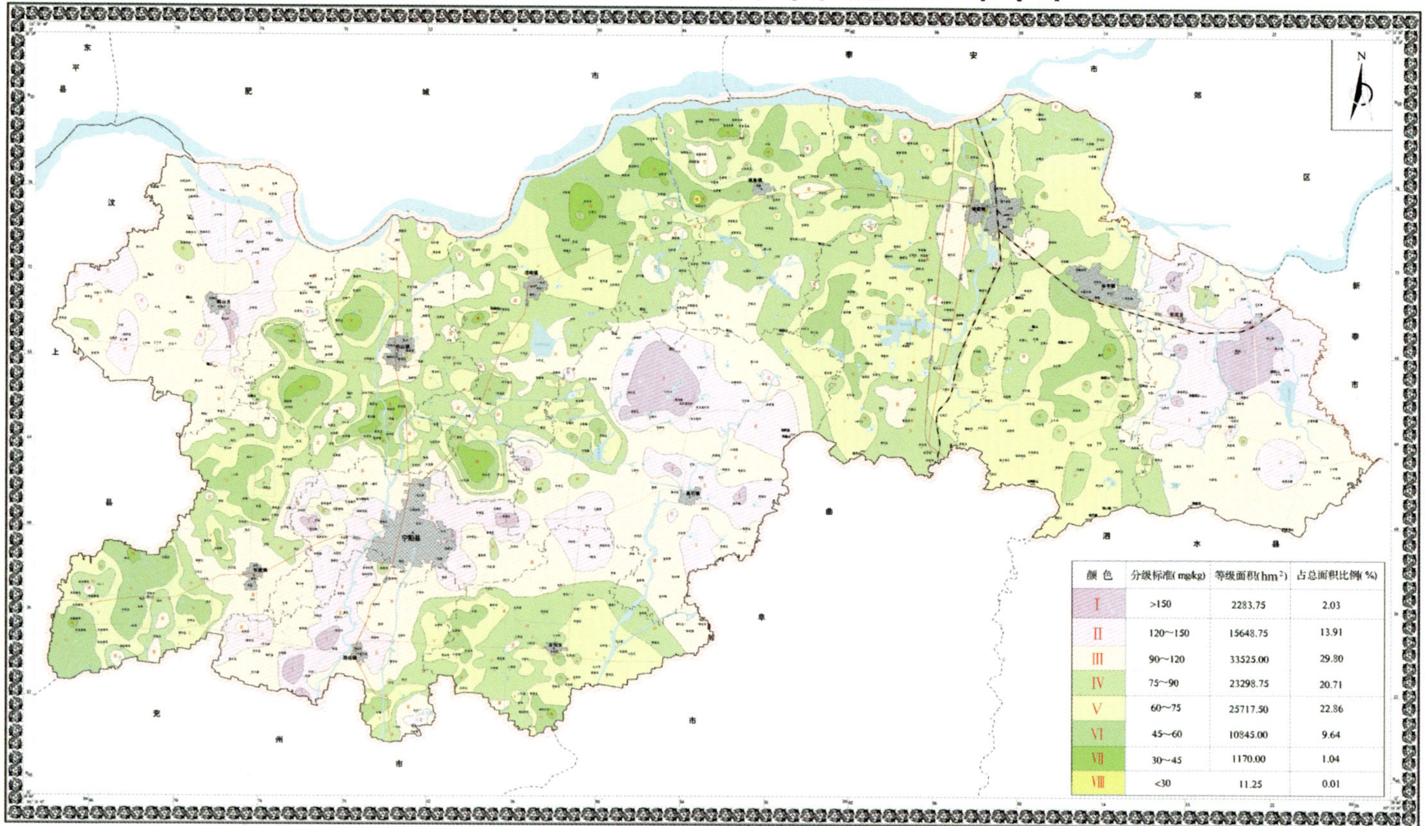

颜色	分级标准(mg/kg)	等级面积(hm²)	占总面积比例(%)
Ⅰ	>150	2283.75	2.03
Ⅱ	120~150	15648.75	13.91
Ⅲ	90~120	33525.00	29.80
Ⅳ	75~90	23298.75	20.71
Ⅴ	60~75	25717.50	22.86
Ⅵ	45~60	10845.00	9.64
Ⅶ	30~45	1170.00	1.04
Ⅷ	<30	11.25	0.01

1954年北京坐标系　1956年黄海高程系　　比例尺：1∶350000

山东农业大学资源与环境学院
山东天地亚太国土遥感有限公司　二〇〇九年十月

宁阳县土壤有效磷含量分布图

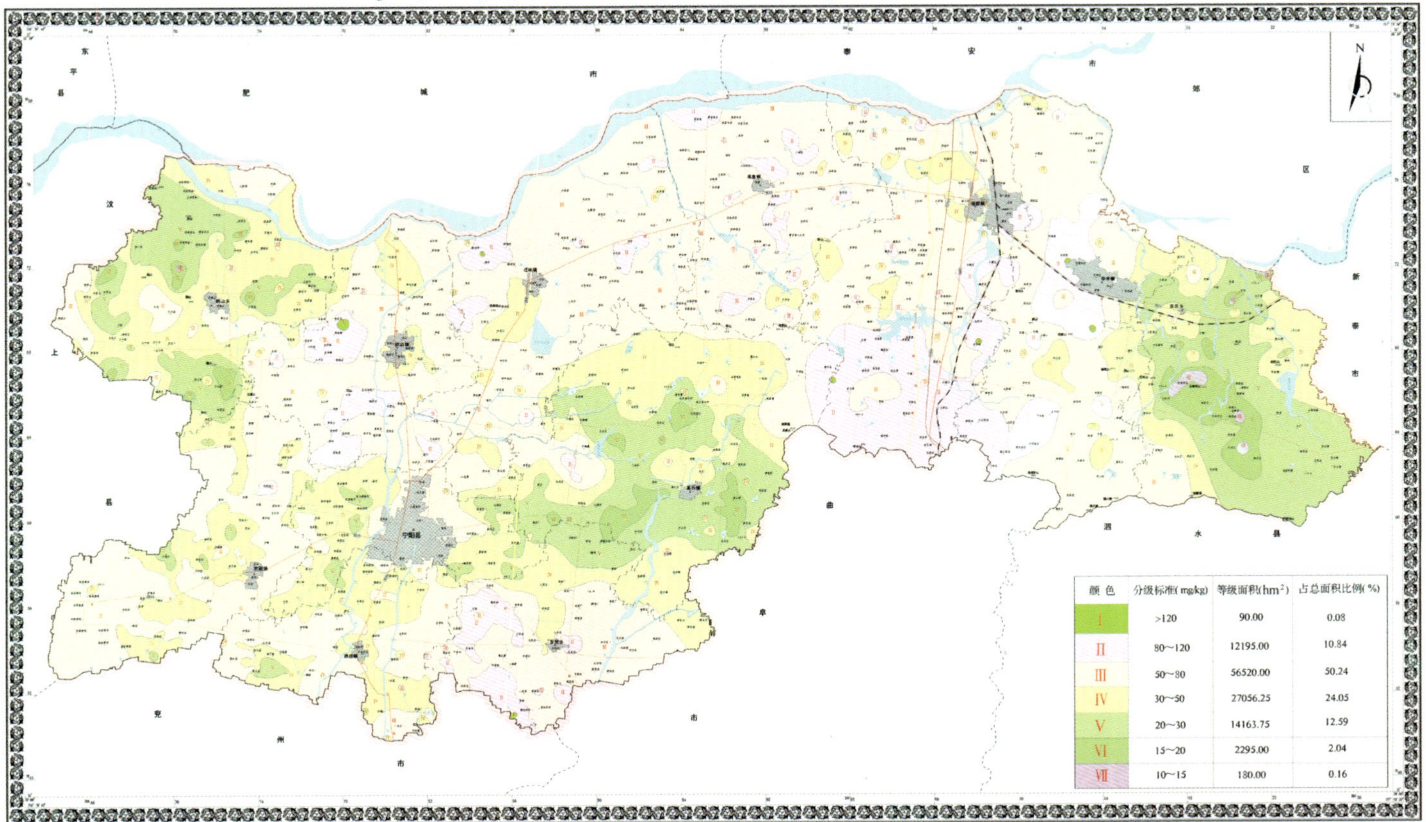

颜色	分级标准(mg/kg)	等级面积(hm²)	占总面积比例(%)
Ⅰ	>120	90.00	0.08
Ⅱ	80~120	12195.00	10.84
Ⅲ	50~80	56520.00	50.24
Ⅳ	30~50	27056.25	24.05
Ⅴ	20~30	14163.75	12.59
Ⅵ	15~20	2295.00	2.04
Ⅶ	10~15	180.00	0.16

1954年北京坐标系　1956年黄海高程系

比例尺：1∶350000

山东农业大学资源与环境学院
山东天地亚太国土遥感有限公司
二〇〇九年十月

宁阳县土壤速效钾含量分布图

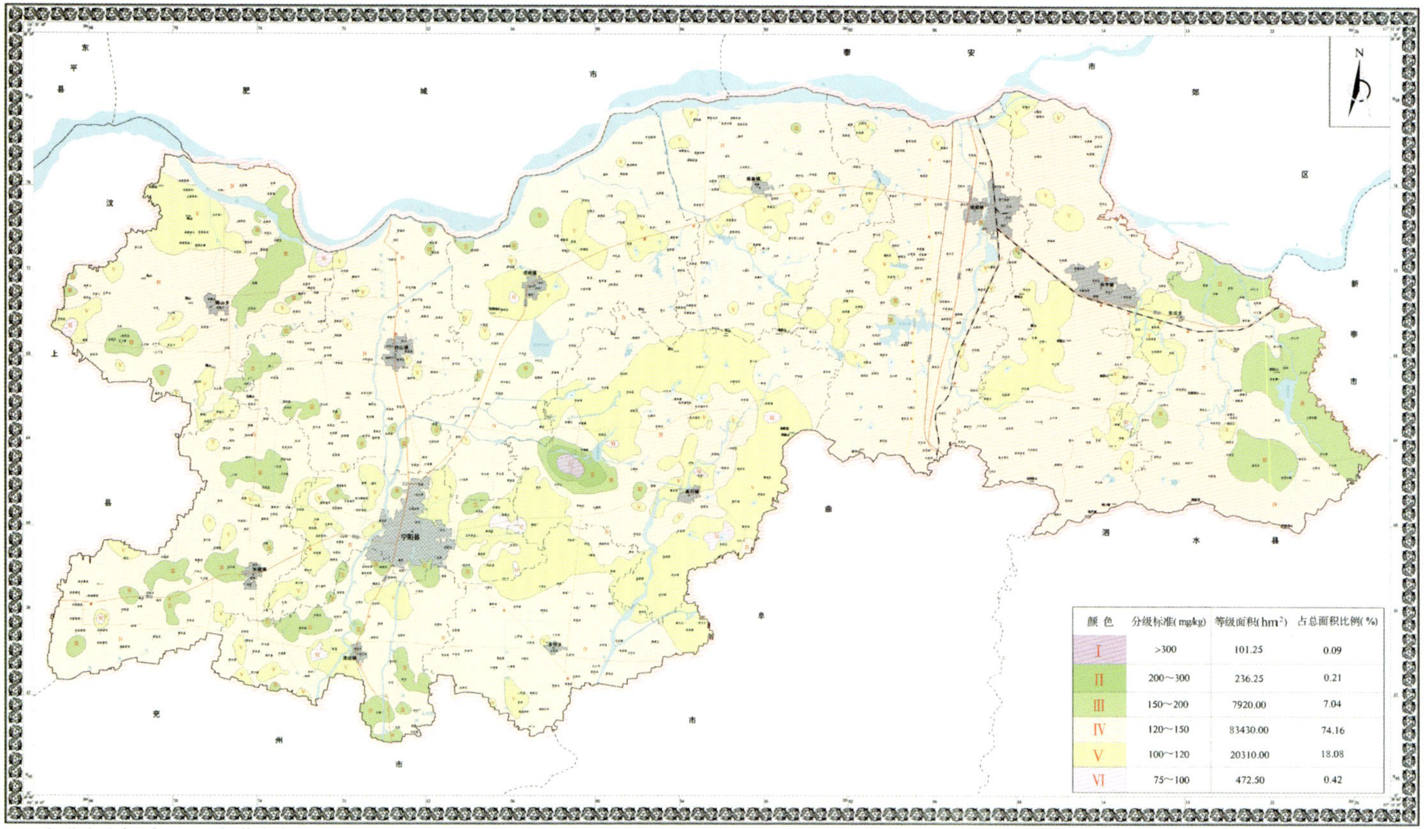

颜色	分级标准(mg/kg)	等级面积(hm^2)	占总面积比例(%)
Ⅰ	>300	101.25	0.09
Ⅱ	200～300	236.25	0.21
Ⅲ	150～200	7920.00	7.04
Ⅳ	120～150	83430.00	74.16
Ⅴ	100～120	20310.00	18.08
Ⅵ	75～100	472.50	0.42

1954年北京坐标系　1956年黄海高程系

比例尺：1∶350000

山东农业大学资源与环境学院
山东天地亚太国土遥感有限公司　二〇〇九年十月

宁阳县土壤缓效钾含量分布图

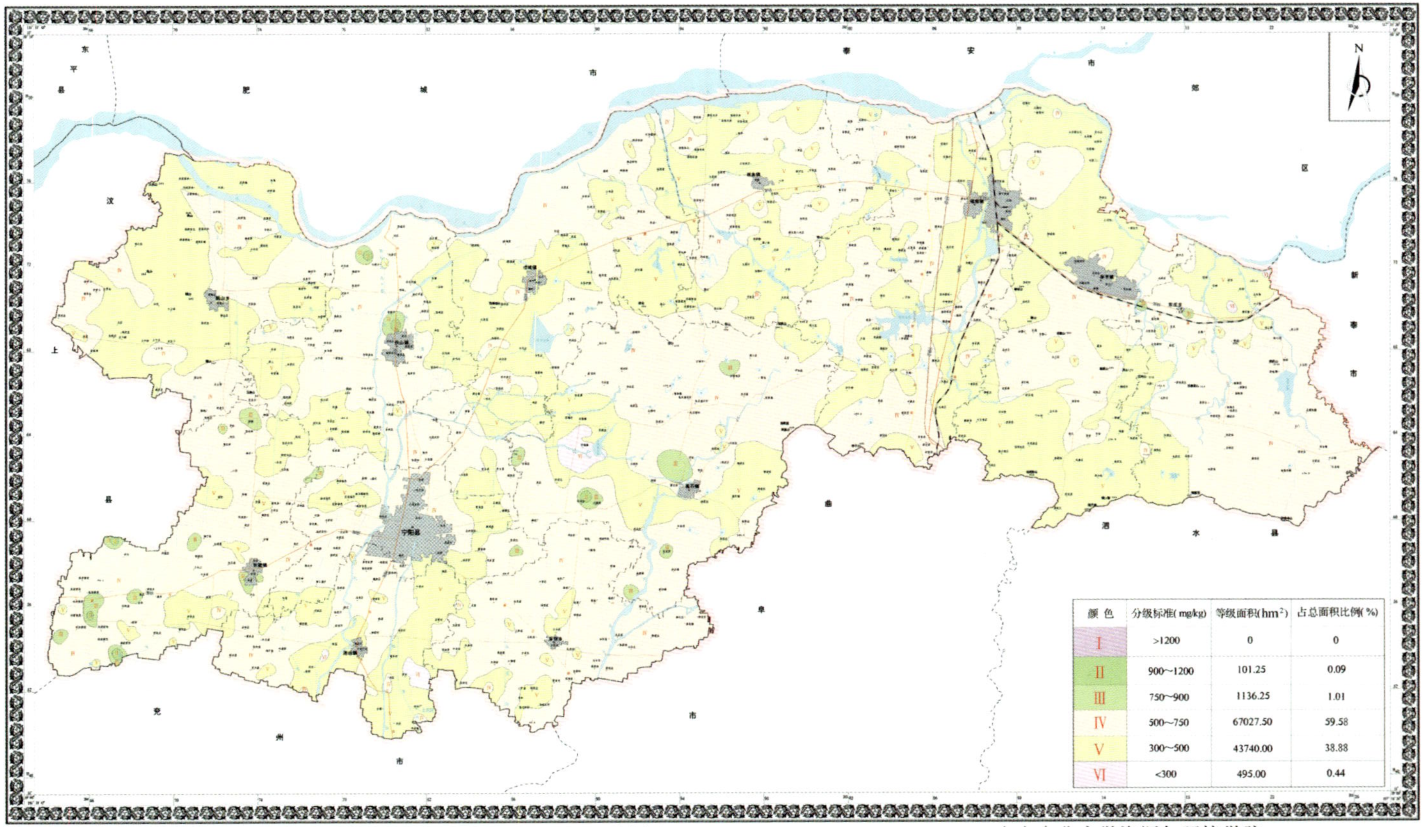

颜 色	分级标准(mg/kg)	等级面积(hm²)	占总面积比例(%)
Ⅰ	>1200	0	0
Ⅱ	900~1200	101.25	0.09
Ⅲ	750~900	1136.25	1.01
Ⅳ	500~750	67027.50	59.58
Ⅴ	300~500	43740.00	38.88
Ⅵ	<300	495.00	0.44

1954年北京坐标系　1956年黄海高程系

比例尺：1:350000

山东农业大学资源与环境学院
山东天地亚太国土遥感有限公司
二〇〇九年十月

宁阳县土壤交换性钙含量分布图

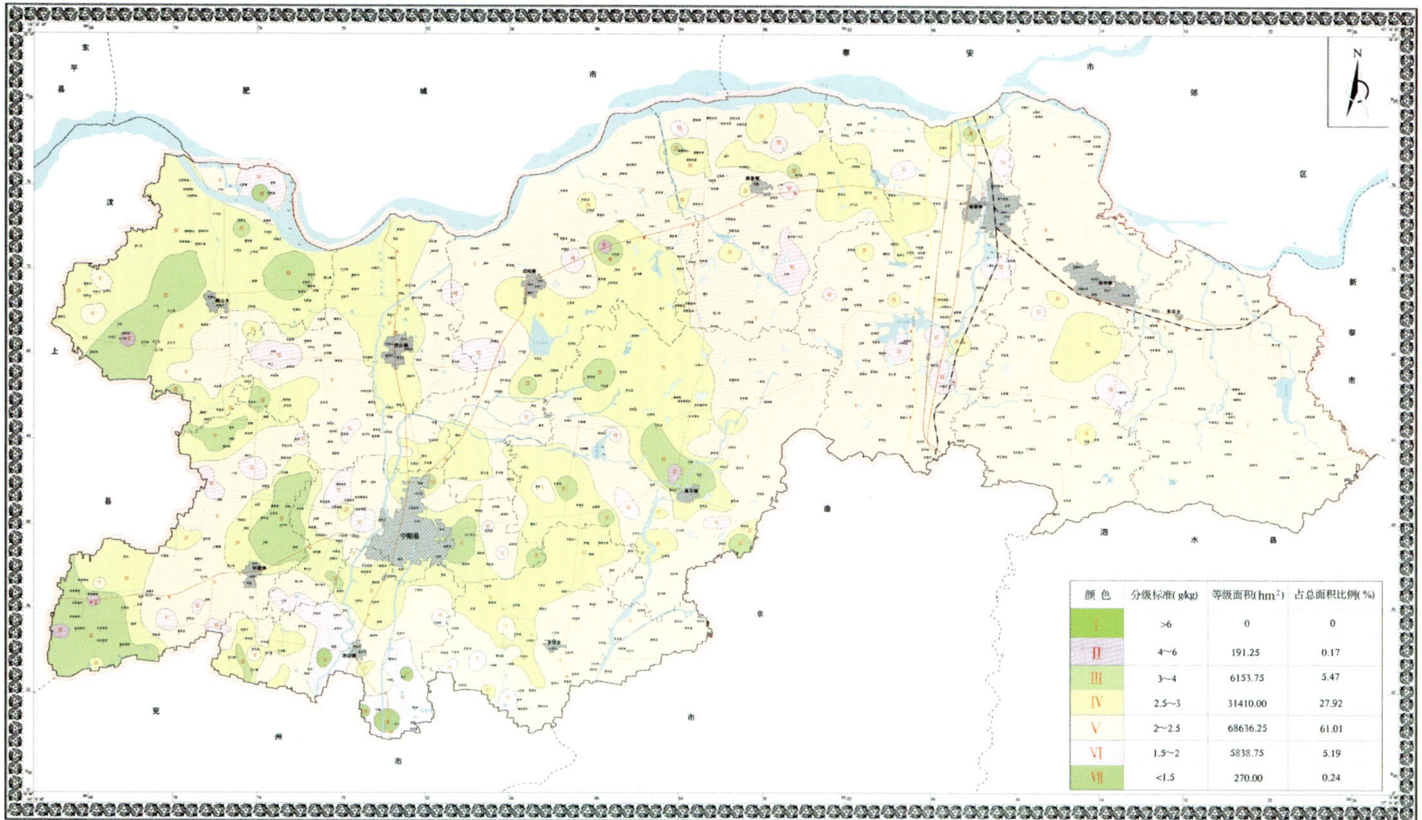

颜色	分级标准(g/kg)	等级面积(hm²)	占总面积比例(%)
Ⅰ	>6	0	0
Ⅱ	4~6	191.25	0.17
Ⅲ	3~4	6153.75	5.47
Ⅳ	2.5~3	31410.00	27.92
Ⅴ	2~2.5	68636.25	61.01
Ⅵ	1.5~2	5838.75	5.19
Ⅶ	<1.5	270.00	0.24

1954年北京坐标系　1956年黄海高程系

比例尺：1∶350000

山东农业大学资源与环境学院
山东天地亚太国土遥感有限公司
二〇〇九年十月

宁阳县土壤交换性镁含量分布图

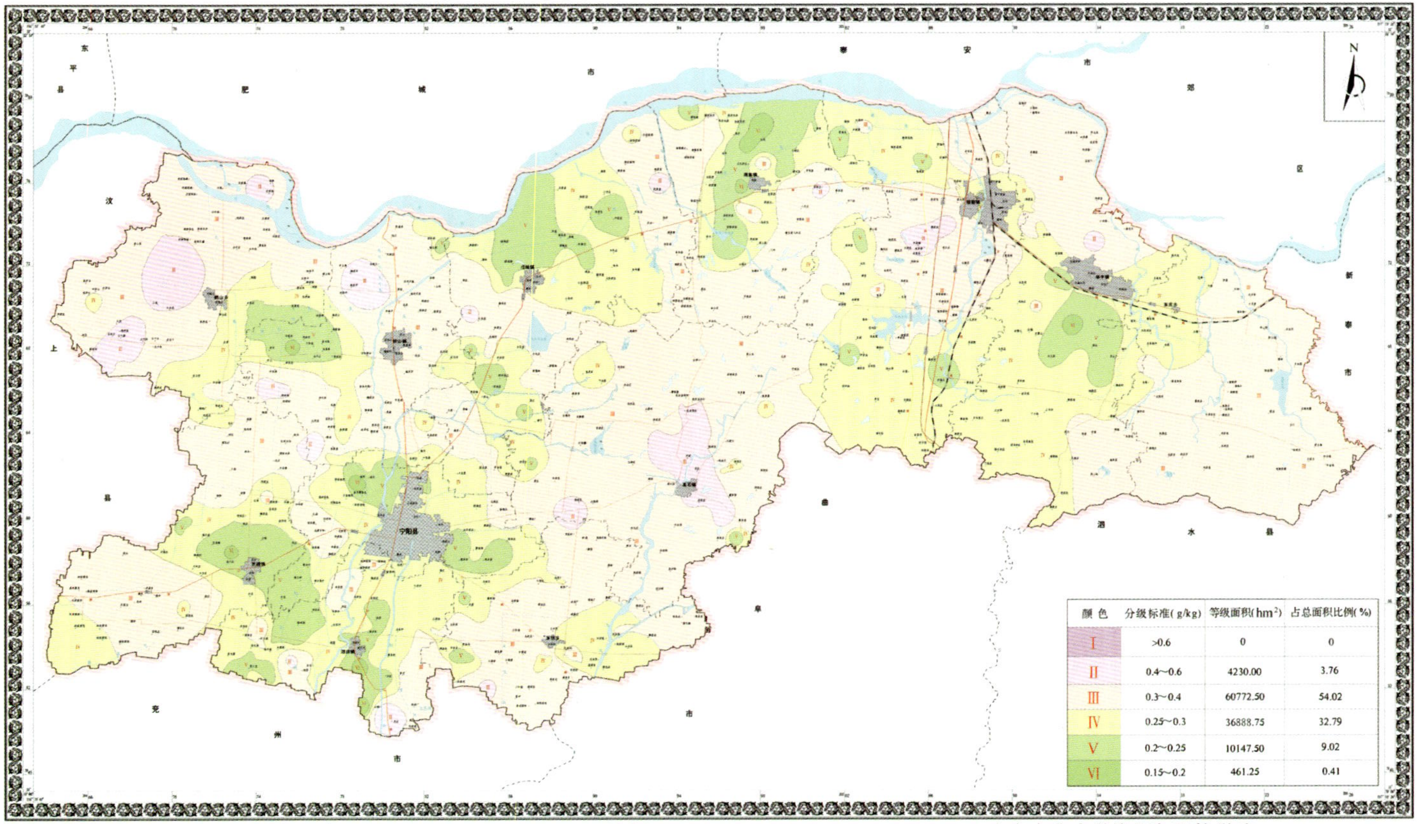

颜色	分级标准(g/kg)	等级面积(hm²)	占总面积比例(%)
Ⅰ	>0.6	0	0
Ⅱ	0.4~0.6	4230.00	3.76
Ⅲ	0.3~0.4	60772.50	54.02
Ⅳ	0.25~0.3	36888.75	32.79
Ⅴ	0.2~0.25	10147.50	9.02
Ⅵ	0.15~0.2	461.25	0.41

1954年北京坐标系　1956年黄海高程系

比例尺：1:350000

山东农业大学资源与环境学院
山东天地亚太国土遥感有限公司　二〇〇九年十月

宁阳县土壤有效硫含量分布图

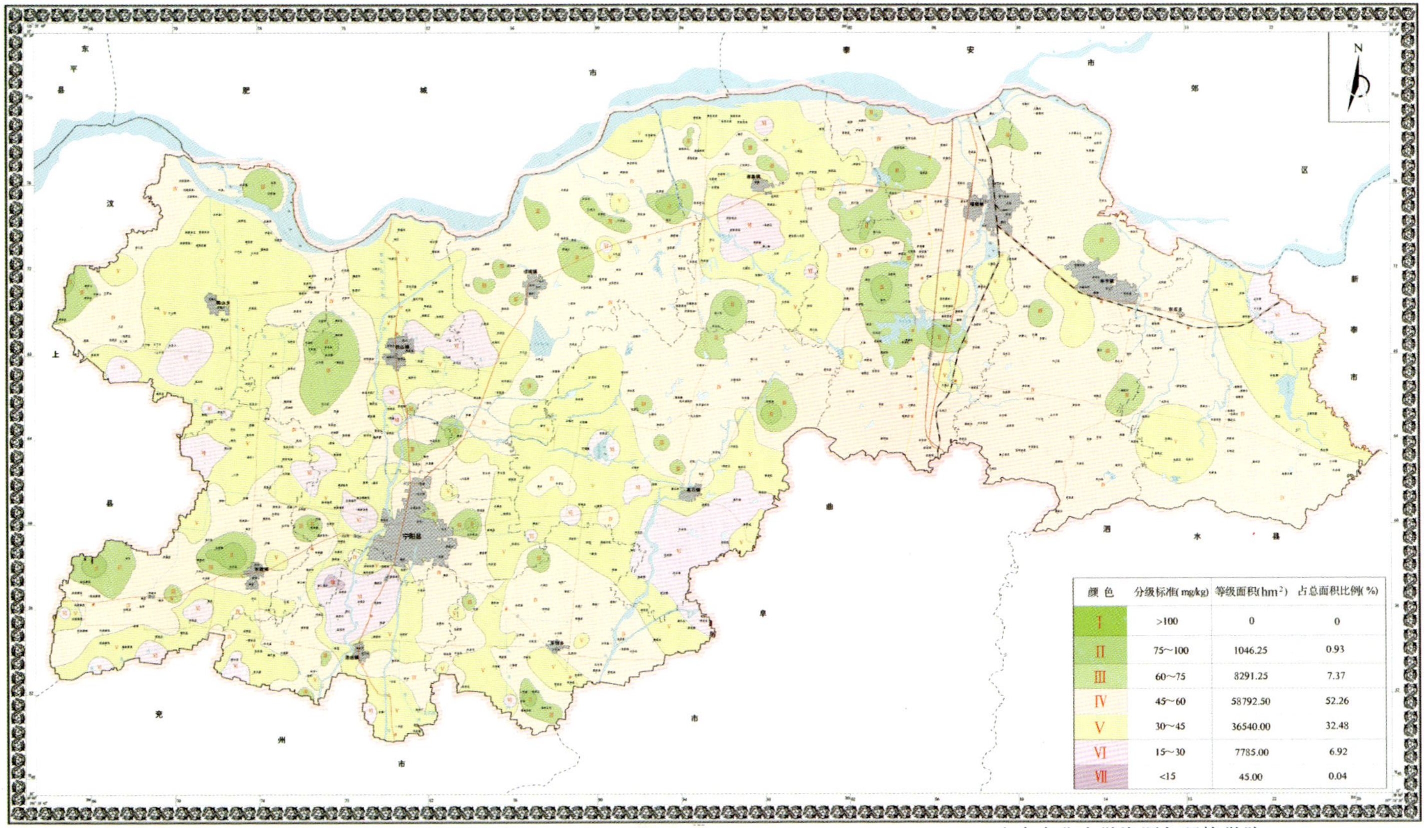

颜色	分级标准(mg/kg)	等级面积(hm^2)	占总面积比例(%)
Ⅰ	>100	0	0
Ⅱ	75~100	1046.25	0.93
Ⅲ	60~75	8291.25	7.37
Ⅳ	45~60	58792.50	52.26
Ⅴ	30~45	36540.00	32.48
Ⅵ	15~30	7785.00	6.92
Ⅶ	<15	45.00	0.04

1954年北京坐标系　1956年黄海高程系

比例尺：1:350000

山东农业大学资源与环境学院
山东天地亚太国土遥感有限公司　二〇〇九年十月

宁阳县土壤有效锰含量分布图

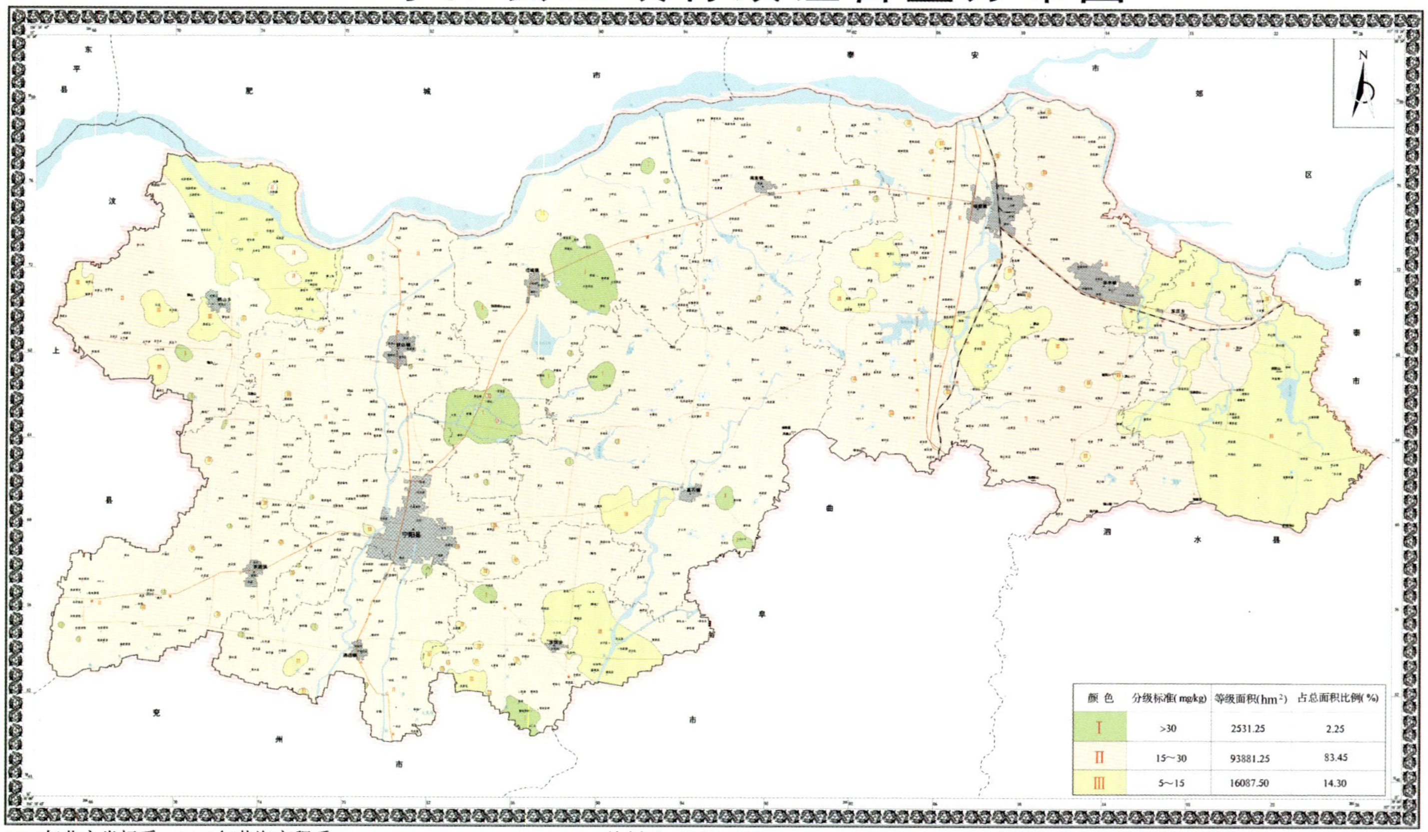

1954年北京坐标系　1956年黄海高程系

比例尺：1:350000

山东农业大学资源与环境学院
山东天地亚太国土遥感有限公司　二〇〇九年十月

宁阳县土壤有效硼含量分布图

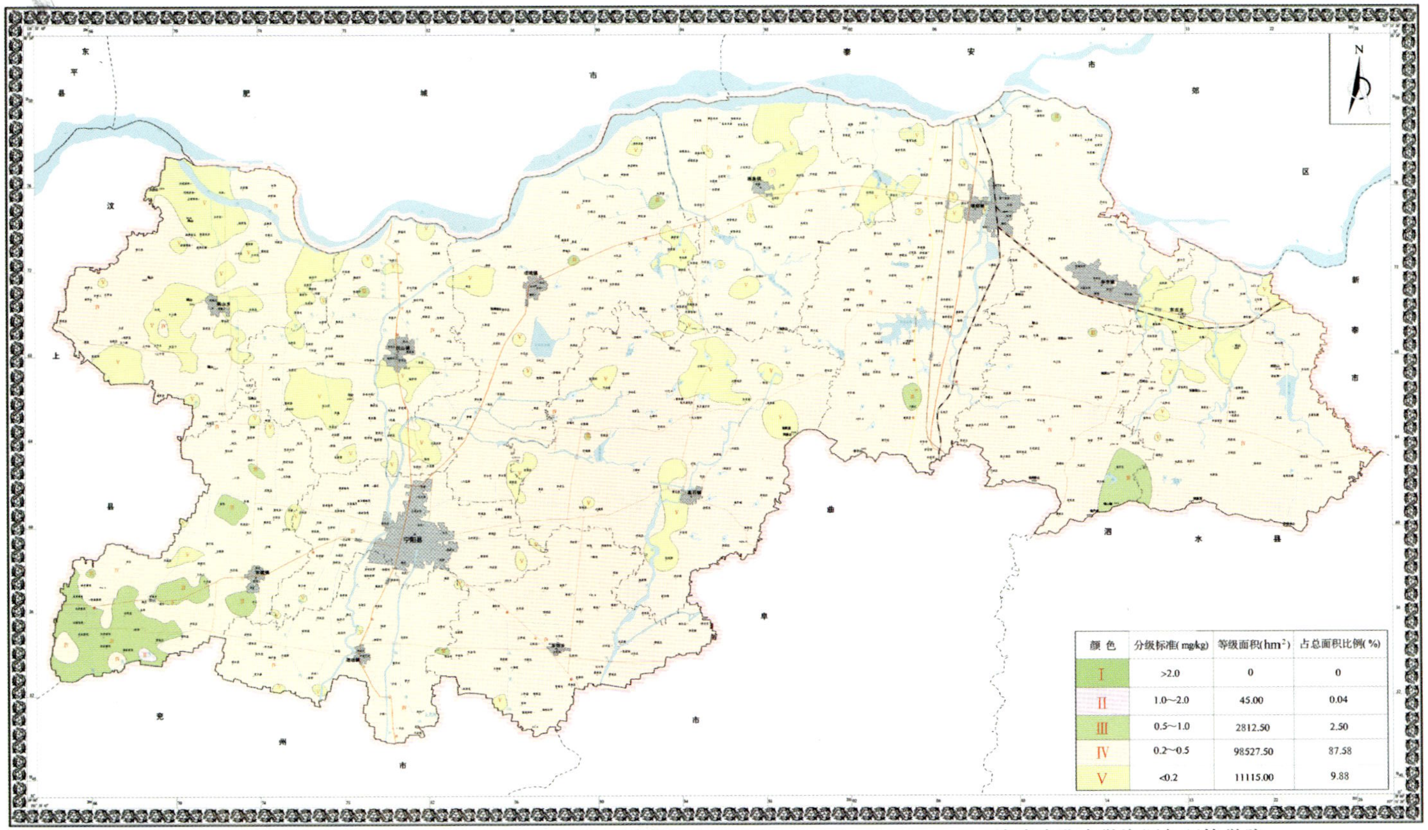

颜色	分级标准(mg/kg)	等级面积(hm²)	占总面积比例(%)
Ⅰ	>2.0	0	0
Ⅱ	1.0～2.0	45.00	0.04
Ⅲ	0.5～1.0	2812.50	2.50
Ⅳ	0.2～0.5	98527.50	87.58
Ⅴ	<0.2	11115.00	9.88

1954年北京坐标系　1956年黄海高程系　　比例尺：1∶350000

山东农业大学资源与环境学院
山东天地亚太国土遥感有限公司　二〇〇九年十月

宁阳县土壤有效铁含量分布图

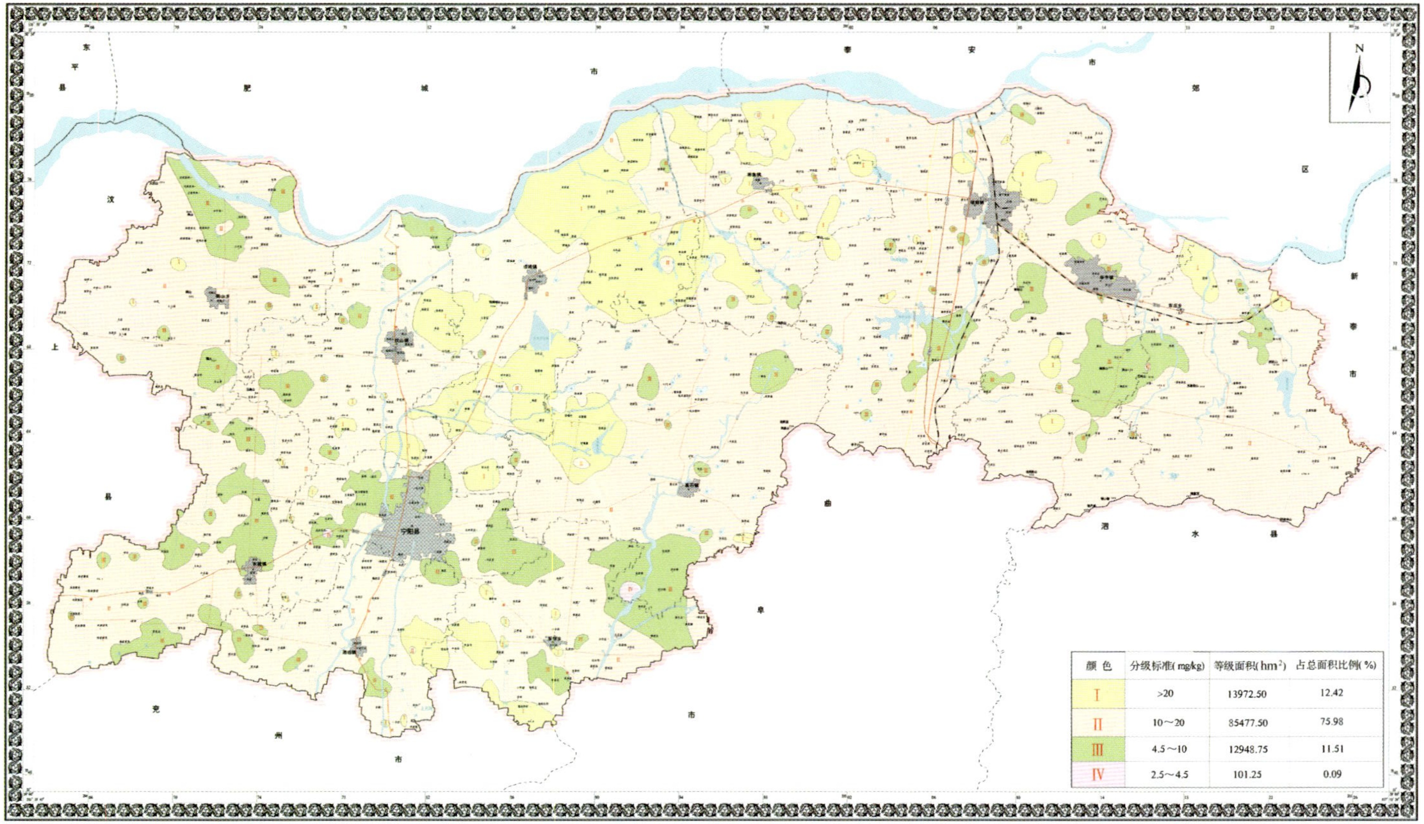

颜色	分级标准(mg/kg)	等级面积(hm²)	占总面积比例(%)
Ⅰ	>20	13972.50	12.42
Ⅱ	10～20	85477.50	75.98
Ⅲ	4.5～10	12948.75	11.51
Ⅳ	2.5～4.5	101.25	0.09

1954年北京坐标系　1956年黄海高程系

比例尺：1∶350000

山东农业大学资源与环境学院
山东天地亚太国土遥感有限公司　二〇〇九年十月

宁阳县土壤有效铜含量分布图

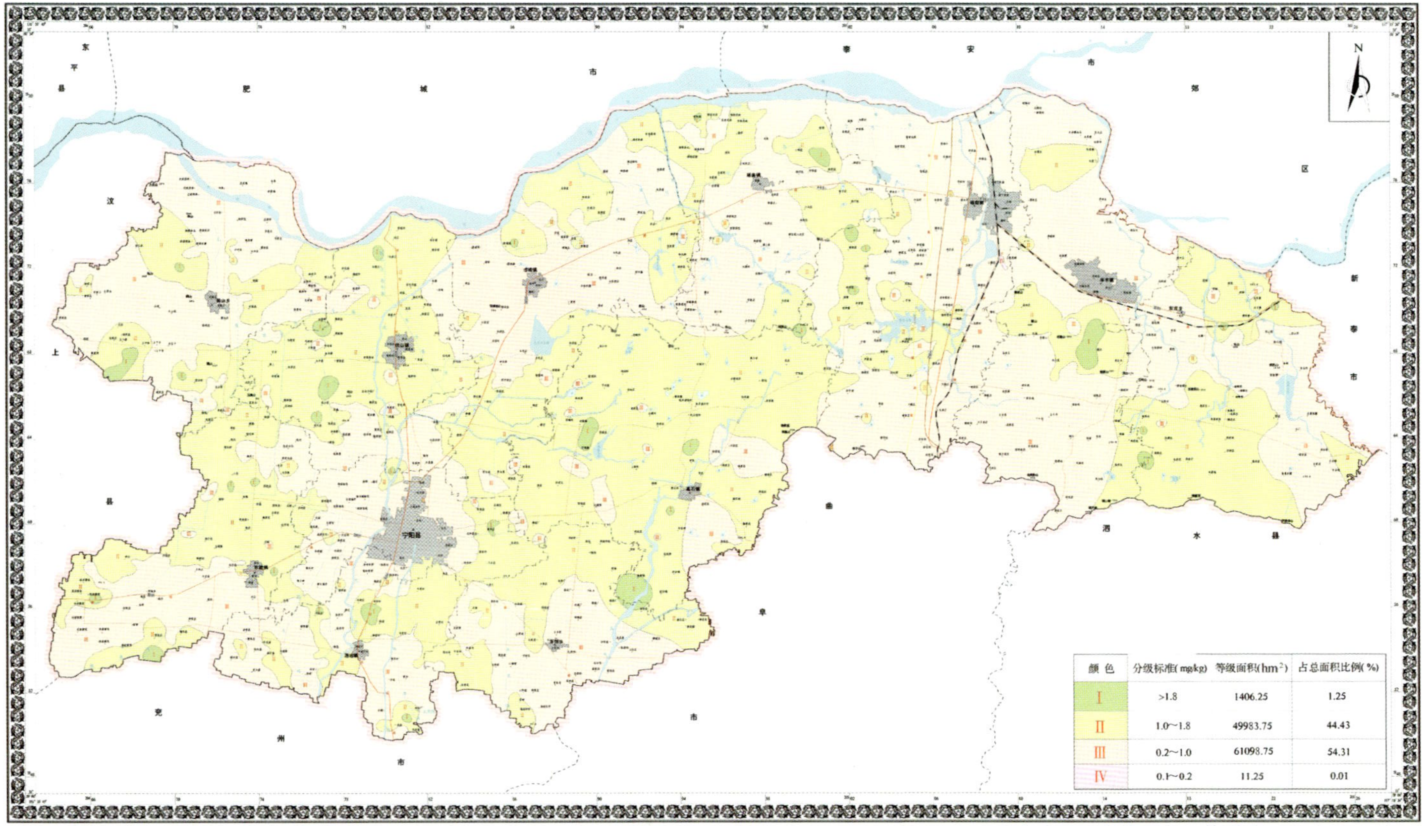

颜色	分级标准(mg/kg)	等级面积(hm^2)	占总面积比例(%)
Ⅰ	>1.8	1406.25	1.25
Ⅱ	1.0~1.8	49983.75	44.43
Ⅲ	0.2~1.0	61098.75	54.31
Ⅳ	0.1~0.2	11.25	0.01

1954年北京坐标系　1956年黄海高程系

比例尺：1∶350000

山东农业大学资源与环境学院
山东天地亚太国土遥感有限公司
二〇〇九年十月

宁阳县土壤有效锌含量分布图

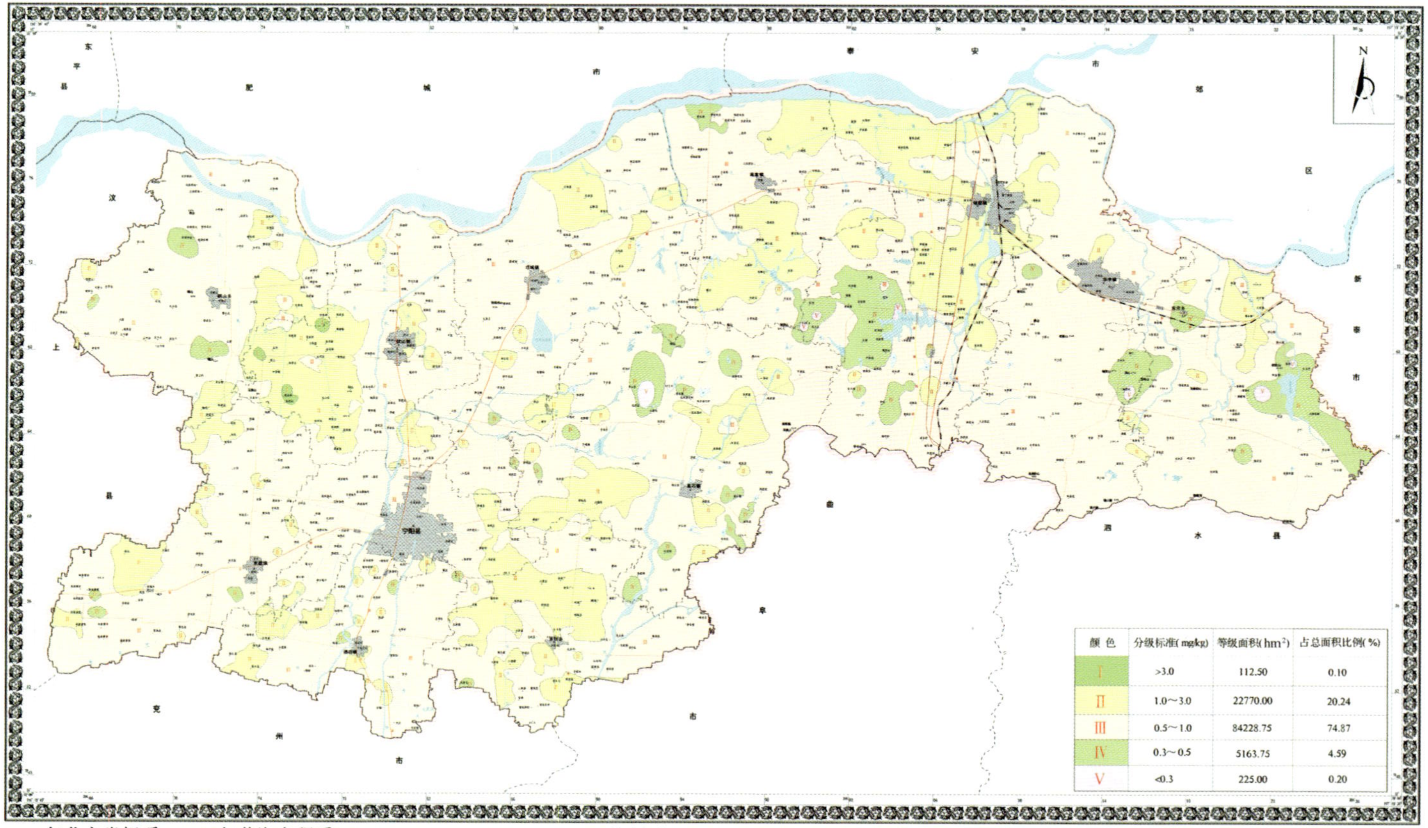

颜色	分级标准(mg/kg)	等级面积(hm²)	占总面积比例(%)
Ⅰ	>3.0	112.50	0.10
Ⅱ	1.0～3.0	22770.00	20.24
Ⅲ	0.5～1.0	84228.75	74.87
Ⅳ	0.3～0.5	5163.75	4.59
Ⅴ	<0.3	225.00	0.20

1954年北京坐标系　1956年黄海高程系　　比例尺：1:350000

山东农业大学资源与环境学院
山东天地亚太国土遥感有限公司　二〇〇九年十月

宁阳县土壤有效钼含量分布图

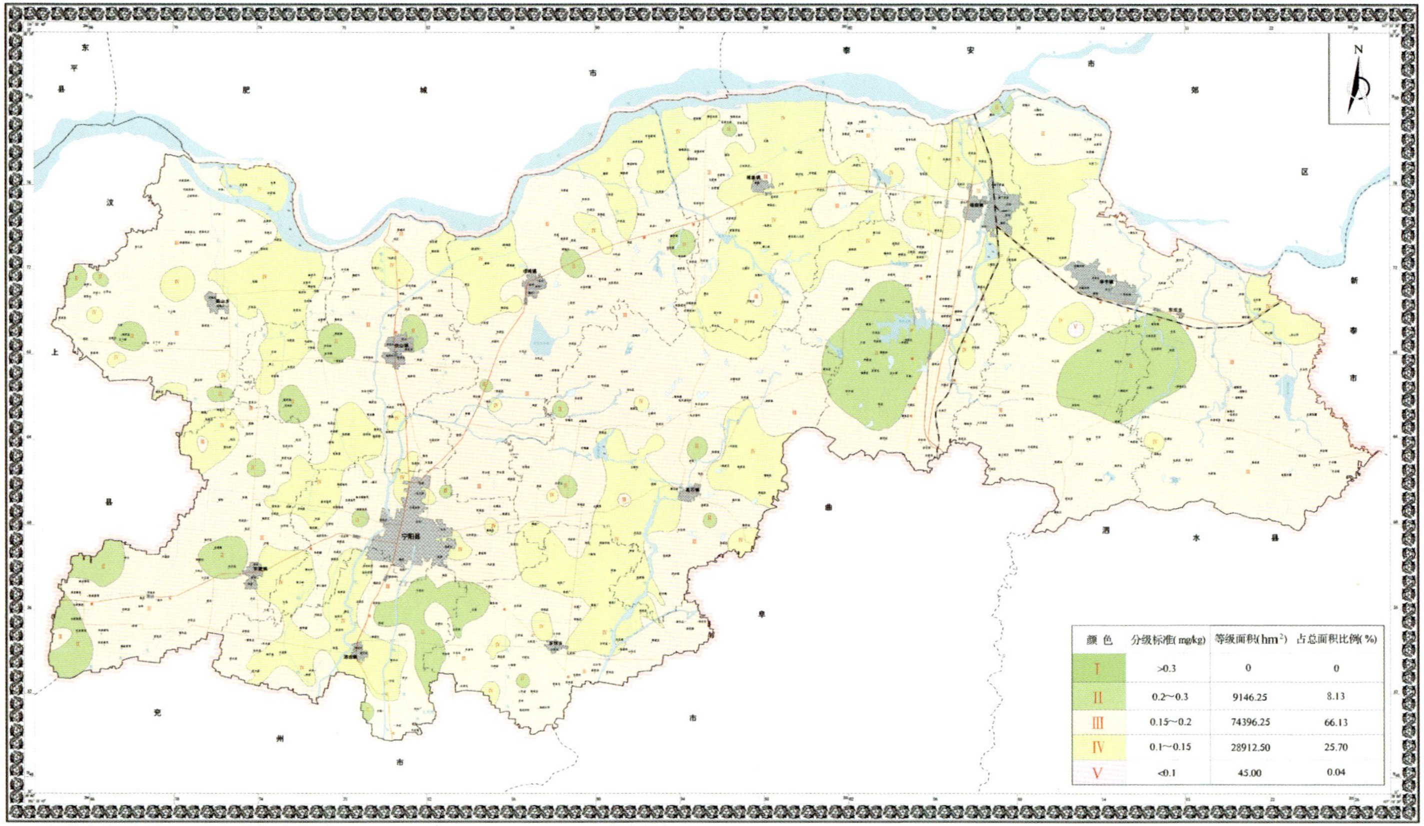

颜色	分级标准(mg/kg)	等级面积(hm²)	占总面积比例(%)
Ⅰ	>0.3	0	0
Ⅱ	0.2~0.3	9146.25	8.13
Ⅲ	0.15~0.2	74396.25	66.13
Ⅳ	0.1~0.15	28912.50	25.70
Ⅴ	<0.1	45.00	0.04

1954年北京坐标系　1956年黄海高程系

比例尺：1∶350000

山东农业大学资源与环境学院
山东天地亚太国土遥感有限公司

二〇〇九年十月